应用型本科风景园林专业规划教材

园林规划设计实训指导

主 编 黄丽霞 马 静

副主编 李 琴 孙春红

上海交通大学出版社

内容提要

本书通过识图练习、调查分析、园林要素单体设计、小型园林绿地规划设计、大型园林绿地规划设计五个模块的实训,使学习者掌握园林规划设计的图纸类型、绘制步骤、绘制方法和相关规范,理解园林绿地规划设计的基本原则、主要内容、技术要点和设计方法,从而达到独立完成一个园林项目设计的目的。

本书可作为应用型本科风景园林专业教材,也可作为从事园林工程设计施工技术人员的培训用书。

图书在版编目(CIP)数据

园林规划设计实训指导/黄丽霞,马静主编.—上海:上海交通大学出版社,2017
ISBN 978-7-313-16592-3

Ⅰ.①园… Ⅱ.①黄…②马… Ⅲ.①园林-规划②园林设计
Ⅳ.①TU986

中国版本图书馆 CIP 数据核字(2017)第 026172 号

园林规划设计实训指导

主　　编:	黄丽霞　马　静		
出版发行:	上海交通大学出版社	地　　址:	上海市番禺路 951 号
邮政编码:	200030	电　　话:	021-64071208
出 版 人:	郑益慧		
印　　制:	上海天地海设计印刷有限公司	经　　销:	全国新华书店
开　　本:	787mm×1092mm　1/16	印　　张:	8.25
字　　数:	165 千字		
版　　次:	2017 年 6 月第 1 版	印　　次:	2017 年 6 月第 1 次印刷
书　　号:	ISBN 978-7-313-16592-3/TU		
定　　价:	38.00 元		

　　《园林规划设计》是在园林制图、园林设计初步基础上开设的一门专业必修课,是一门实践性很强的综合性应用学科,是园林专业、风景园林专业的重要专业课程之一。园林规划设计实训内容是《园林规划设计》课程的重要实践教学内容。

　　本教材分为五大模块,根据园林规划设计的程序循序渐进。模块一是识图练习。该模块是让学生通过临摹景观设计的常用图纸,从而掌握绘制总平面图、立面图、剖面图的基本要求以及图纸绘制的规范。模块二是调查与分析。这个模块是进行项目规划设计的前提,是获得场地信息、提炼设计主题的重要依据。通过这个模块让学生掌握调查与分析的内容、方法,以及怎样抓住调查的重点。模块三是园林要素单体设计。这个模块主要让学生通过实训掌握景观要素的设计要点及原则。模块四是小型园林绿地规划设计。该模块主要针对绿地中面积相对较小、设计相对简单的项目进行综合练习,让学生通过调查、分析可以对项目进行针对性的设计,同时主题鲜明、设计合理、交通流畅、层次清晰。模块五是大型园林绿地规划设计。该模块主要针对面积相对较大,内容也相对较丰富的项目进行综合练习,通常要求学生 2—4 人组合进行规划设计,让学生不仅学会每个项目设计的原则和项目特殊性下的特殊考虑,还让学生学会团体精神、合作精神。

　　通过《园林规划设计实训》课程的学习和练习,使学生熟练掌握园林规划设计需绘制的图纸类型、绘制步骤、方法和相关规范,进一步理解各类园林绿地规划设计的基本原则、主要内容、技术要点和设计方法,能独立完成一个园林项目的规划设计和图纸表达。

编　者

2017 年 3 月 25 日

Contents | # 目　录

模块五　大型绿地规划设计

模块一
识图练习

实训一
总平面图识图

实训学时： 3 学时
实训类型： 验证
实训要求： 必修

 **一、实训目的**

在园林设计图纸表现中，平面图是最全面、最重要的图纸之一。是表现规划范围内的各种造园因素（如地形、山石、水体、建筑及植物等）布局位置的水平投影图，它是反映园林工程总体设计意图的主要图纸，也是绘制其他图纸及造园施工定位的依据。通过实训，让学生熟悉设计平面图的常用图例及符号；认识平面图中园林设计的布局和结构、景观和空间构成以及诸多设计要素之间的关系，同时，通过认识图中各元素间的尺寸，掌握总平面图的绘制规范和总平面图表现的要点。

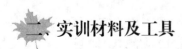 **二、实训材料及工具**

绘图工具、现有的图纸及文字资料等。

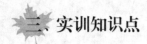

三、实训知识点

（一）平面图的形成

从半空中垂直往下看，凡是从基地上可以看见的东西，就是平面图中应该表现出来的内容。因此，所绘的平面图即代表基地上所设计的物体。所以绘图者必须根据要求来完成所绘物体，真实而有效地表达所要反映的信息。

（二）平面图的内容

总平面图反映的是设计地段总的设计内容，包括建筑、道路、广场、植物种植、景观设施、地形、水体等各种构景要素的表现，此外，通常在总平面图中还配有一小段文字说明和相关的设计指标。总平面图设计内容包括：

1. 标题

在园林设计图中通常在图纸的显要位置列出设计项目及设计图纸的名称，除起到标示、说明作用之外，标题还应该具有一定的装饰效果，以增强图面的观赏效果。

2. 图例表

说明图中一些自定义的图例对应的含义。

3. 用地周边环境

表现设计地段所处的位置，在环境图中标注出设计地段的位置、所处的环境、周边的用地情况、交通道路状况、景观条件等。

4. 设计红线

给出设计用地的范围，用红色粗双点划线标出，即规划红线范围。

5. 建筑和园林小品

在总平面图中应该标示出建筑物、构筑物及其出入口、围墙的位置，并标注建筑物的编号。在大比例图纸中，对有门窗的建筑可采用通过窗台以上部位的水平剖面图来表示，对没有门窗的建筑采用通过支撑柱部位的水平剖面图来表示。用粗实线画断面轮廓，用中实线画出其他可见轮廓。

此外，也可采用屋顶平面图来表示（仅适用于坡屋顶和曲面屋顶），用粗实线画出外轮廓，用细实线画出屋面。对花坛、花架等建筑小品用细实线画出投影轮廓。

在小比例图纸中（1∶1 000 以上），只需用粗实线画出水平投影外轮廓线。建筑小品可不画。

6. 道路、广场

道路中心线位置，主要的出入口位置，及其附属设施停车库（场）的车位位置。标示广场的位置、范围、名称等。

7. 地形水体

原地形、地貌，设计标高、高程，城市坐标。绘制地形等高线，水体的轮廓线，并填充图案与其他部分区分。水体一般用两条线表示，外面的一条表示水体边界线（即驳岸线），用特粗实线绘制；里面的一条表示水面，用细实线绘制。

8. 植物种植

园林植物由于种类繁多、姿态各异，平面图中无法详尽地表达，一般采用"图例"作概括地表示，所绘图例应区分出针叶树、阔叶树、常绿树、落叶树、乔木灌木、绿篱、花卉、草坪、水生植物等，常绿植物在图例中应用间距相等的细斜线表示。标示植物种植点的位置，如果是成片的树丛，可以仅标注林缘线。

绘制植物平面图图例时，要注意曲线过渡自然，图形应形象、概括。树冠的投影要按成龄以后的树冠大小画制。

9. 山石

山石应采用其水平投影轮廓线概括表示，以粗实线绘出边缘轮廓，以细实线概括绘出皱纹。

10. 园路、广场和铺地

园路用细实线画出路缘，对铺装路面也可按设计图案简略示出。

11. 标注定位尺寸或坐标网

设计平面图中定位方式有两种，一种是根据原有景物定位，标注新设计的主要景物与原有景物之间的相对距离；另一种是采用直角坐标网定位，直角坐标网有建筑坐标网和测量坐标网两种标注方式。建筑坐标网是以工程范围内的某一点为"零"点，再按一定的距离画出网格，水平方向为 B 轴，垂直方向为 A 轴，便可确定网格坐标。测量坐标网是根据造园所在地的测量基准点的坐标，确定网格的坐标，水平方向为 Y 轴，垂直方向为 X 轴，坐标网格用细实线绘制。

12. 其他

图纸中其他说明性的标示和文字。比如：指北针、风玫瑰、绘图比例等。

四、实训内容

（1）教师讲解实训知识点，并讲解绘制平面图应注意的问题和绘图规范。

（2）学生认真识读教师给定的平面图后，再按照绘图规范临摹在图纸上。

五、实训要求

(1) 所绘制的图面整洁,字体端正。

(2) 各要素的平面表现形式正确。

(3) 图例符号符合标准要求,图线应用恰当。

(4) 图面上各图例之间的连接关系清晰、表示正确。

六、实训步骤

1. 准备工作

(1) 制图工具的准备、熟悉和正确运用。

(2) 识读原平面图。

(3) 图纸固定。

2. 用 HB 或 H 铅笔画线稿底稿

(1) 先画图幅线、图框线和标题栏。

(2) 根据图形大小确定视图位置,留出上下、左右边界,使视图在整个图面的中央。

(3) 绘制顺序:

① 绘制坐标网格。

② 绘制图形中建筑、道路、绿地及植物配置。

③ 进行标注,绘制比例尺、指北针、图例说明,填写标题栏。

3. 进行图面检查

核对底图和抄绘的原图,检查图样是否正确,标注是否完整。

4. 绘制墨线图

有条件的同学,可进一步绘制墨线图。图 1-1 为某居住区组团景观总平面图,供临摹实训使用。

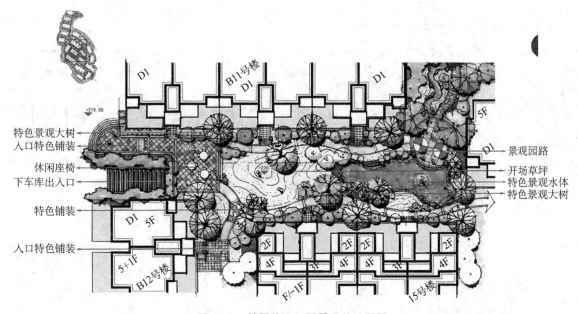

图 1-1 某居住区组团景观总平面图

实训二
立面、剖面图识图

实训学时：3 学时
实训类型：验证
实训要求：必修

 一、**实训目的**

园林立面、剖面图能反映园林各要素立面层次的景观，更能反映设计的竖向变化和地形变化。通过实训，让学生熟悉设计立面、剖面图的常用图例及符号。识读设计立面、剖面图。学会区分立面、剖面的不同绘制方法和不同含义。

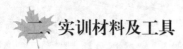 二、**实训材料及工具**

绘图工具、现有的图纸及文字资料等。

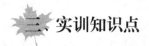 **实训知识点**

（一）立面、剖面图的形成

园林立面图是园林景观的正立面投影所形成的视图，而剖面图是指某园景被一假想的铅垂线剖切后，沿某一剖切方向投影所得到的视图，其中包括园林建筑和小品等园林要素的剖面，但在地形剖面时应注意园景立面和剖面的区别。

（二）立面、剖面图的绘制区别

对于剖面图，首先，必须了解被剖物体的结构，哪些是被剖到的，哪些是看到的，即必须肯定剖线及看线；其次，想要更好地表达设计成果，就必须选好视线的方向，这样可以全面细致地展现景观空间；最后，要注重层次感的营造，通过明暗对比来强调层次感，从而营造出远近不同的感觉。另外，剖面图中需注意的是，剖线通常用粗实线表示，而看线则用细实线或者虚线表示以示区别。

立面图的画法大致上与剖面图相同，但立面图只画看到的部分。

（三）立面、剖面图各要素的表现方法

1. 地形
地形在立面或剖面上用地形剖断线和轮廓线表示。
2. 水体
水体景观立面图上用范围轮廓线和水位线表示。
3. 植物
树木的立面表示方法可分为轮廓、分枝和质感等几大类型，有写实的，也有图案化的，风格应与平面图一致，树木的枝干和冠叶应根据具体植物的特征来参考。
4. 山石
园林中的山石通常只用线条勾勒轮廓，很少采用光线、质感的表现方法，用线条勾勒时，轮廓线要用粗线。石块面、纹理可用较细、较浅的线条稍加勾绘，以体现石块的体积感。不同的石块，其纹理不同，有的圆浑，有的棱角分明，在表现时应采用不同的笔触和线条。剖面上的石块轮廓线应用剖断线，石块剖面上还可加上斜纹线。

四、实训内容

（1）教师讲解实训知识点，并讲解立面、剖面图的绘制方法和规范。

（2）学生认真识读教师给定的立面、剖面图后，根据所给范图按规范绘制园林设计立面、剖面图。

五、实训要求

（1）所绘制的图面整洁，字体端正。

（2）图例符号符合标准要求，图线应用恰当。

（3）图面上各图例之间的连接关系清晰，表示正确。

六、实训步骤

1．准备工作

（1）制图工具的准备、熟悉和正确运用。

（2）识读原立面、剖面图。

（3）图纸固定。

2．用 HB 或 H 铅笔画稿线底稿

（1）先画图幅线、图框线和标题栏。

（2）根据图形大小确定视图位置，留出上下、左右边界，使视图在整个图面的中央。

（3）绘制顺序：

① 绘制坐标网格。

② 绘制图形中建筑、道路、绿地及植物配置。

③ 进行标注，绘制比例尺、指北针、图例说明，填写标题栏。

3．进行图面检查

核对底图和抄绘的原图，检查图样是否正确，标注是否完整。

4．绘制墨线图

有条件的同学，可进一步绘制墨线图。图 2-1 为"悦湖区"放大景观节点剖面图，作为临摹实训使用。

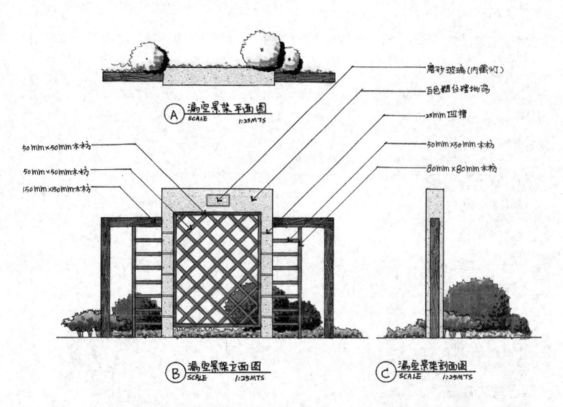

Ⓐ 漏空景架平面图
SCALE 1:25MTS

磨砂玻璃(内藏灯)
白色糊纹理地扬
25mm凹槽
50mm×50mm木枋
80mm×80mm木枋

50mm×50mm木枋
50mm×50mm木枋
150mm×50mm木枋

Ⓑ 漏空景架立面图
SCALE 1:25MTS

Ⓒ 漏空景架剖面图
SCALE 1:25MTS

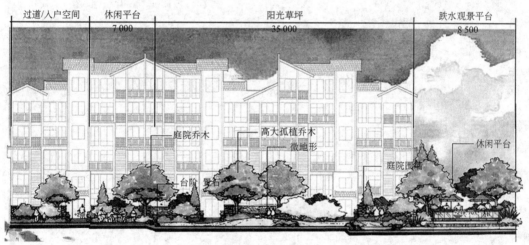

过道/入户空间   休闲平台   阳光草坪   跌水观景平台
7 000   35 000   8 500

庭院乔木   高大孤植乔木
微地形
休闲平台
台阶 置石   庭院围墙

图 2-1 "悦湖区"放大景观节点剖面图

模块二
调查与分析

实训三
园林绿地调查

实训学时： 3 学时
实训类型： 验证
实训要求： 必修

一、实训目的

场地现状是规划设计的依据，因此在设计之前必须对场地有充分的认识，而调查与分析是认识场地的重要手段。该课程通过对某一绿地的调查与分析，培养学生掌握对现状场地的认识方法，让学生掌握调查的主要内容，分析场地呈现出来的客观要素，如何找出场地的优缺点以及在此后的规划设计中要解决的主要问题。

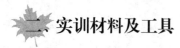

二、实训材料及工具

二号绘图纸、绘图笔、各种上色工具。

三、实训知识点

（一）绿地调研内容

（1）区位关系。

（2）气候状况（温度、光照、降雨、风）。

（3）设施分布（所有相关设施）。

（4）景观状况（硬质景观，软质景观）。

（5）使用者的使用情况（行为心理，人流分布，使用者构成）。

（6）场地文化背景（历史文化，区域文化，人文特点）。

（二）编写调研报告

（1）项目介绍。

（2）调查内容（逐项进行选择和罗列）。

（3）调查内容表达（文字或图片）。

（4）成果分析整理（一般使用定性定量相结合，多采用叠加法，将影响因子逐项调查，加以综合进行评判）。

（5）规划设计建议。

四、实训内容

（1）教师讲解实训知识点，并举例分析优秀的绿地调查案例。

（2）学生对大家熟悉的校园绿地进行分类调查与分析，撰写调查报告，做成幻灯片，写出校园绿地的优缺点。

五、实训要求

（1）调查报告要图文并茂。

（2）为后期的设计提供良好的支撑。

（3）版面设计精美。

 **六. 实训步骤**

1. 准备工作

（1）调查工具（皮尺、相机、笔、记录本）的准备、熟悉和正确运用。

（2）小组人员的分工。

2. 现场调查

将现场的景观要素如植物、小品、交通路线、空间布局等进行逐一调查，查看景观情况以及优劣关系。

3. 资料汇总

将调查的数据与图片进行汇总，分类分析汇总。

4. 编写报告

将调查的内容按照一定的秩序进行编写，着重分析场地的景观优缺点，注意图文的对应关系。

5. 制作幻灯片

运用 POWERPOINT 软件制作幻灯片，说明调查报告。

实训四
园林地形分析

实训学时：3 学时
实训类型：验证
实训要求：必修

一、实训目的

地形地貌是园林景观呈现的骨架，对景观类型的形成起决定性作用。因此在现状的调查中，对地形的分析尤为重要，通过实训，让学生学会地形分析的方法以及地形分析图纸的绘制。学会区分不同地形地貌的特征和性质，熟悉园林地形地貌与园路广场、园林建筑小品、园林植物等其他园林组成要素的相互联系。

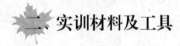

二、实训材料及工具

绘图桌、图纸、HB 或 2B 铅笔、针管笔、彩铅或马克笔。

三、实训知识点

（一）地形的类别

园林的地形分为陆地和水体两部分,而陆地又分为平地、坡地和山地。

（二）不同地形的表示

1. 平地
(1) 透明法：在平面图中,照原样画出投影图形覆盖的下层图形。
(2) 省略法：对投影图形覆盖的下层图形只绘出轮廓,而省略细部的线条。
2. 坡地
主要用等高线来表示。

四、实训内容

(1) 教师讲解实训知识点,并举例进行分析。
(2) 学生认真分析某庭院的地形地貌。

五、实训要求

(1) 绘制地形分析平面图(坡级线法或分布法),坡度分级合理,图样符合标准要求,图线应用恰当。
(2) 绘制地形分析剖断面图,选择剖断面位置合理,所绘制的地形分析剖断面图能充分说明地形地貌的主要特征,图样符合标准要求,图线应用恰当。
(3) 地形地貌分析说明,条理清晰,分析入微,观点正确。能区分不同地形地貌及其使用特征和性质,能联系园路广场、园林建筑小品、园林植物等其他园林组成要素进行分析。

六 实训步骤

（1）识读图4-1的某庭院竖向设计图。

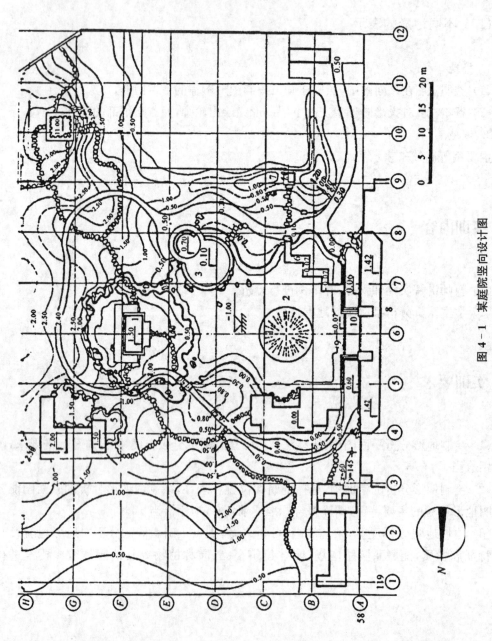

1 画阁　2 喷泉　3 乐池　4 游乐场　5 水池　6 曲桥　7 引胜亭　8 塔楼　9 步汀　10 水帘

图4-1　某庭院竖向设计图

（2）根据庭院地形特点进行合理的坡度分级（或高程分级），绘制地形分析平面图（坡级线法或分布法）。

（3）选择能充分说明地形地貌的主要特征的剖断面位置，绘制地形分析剖断面图。

（4）对照竖向设计图检查图样是否正确，标注是否完整。

（5）作地形地貌分析说明，包含对地形特点的分析，并联系园路广场、园林建筑小品、园林植物等其他园林组成要素进行分析。

七、优秀参考案例

图 4-2 为地形分析图，作为分析案例。

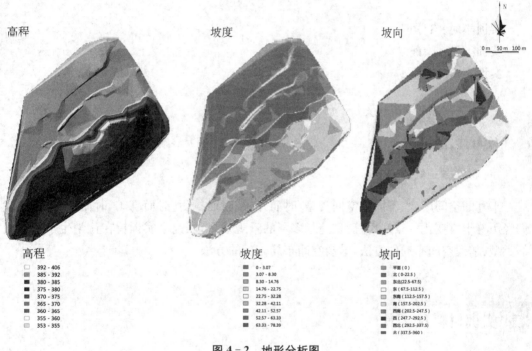

图 4-2 地形分析图

实训五
园林空间布局分析

实训学时： 3 学时
实训类型： 验证
实训要求： 选修

 **实训目的**

　　丰富的空间层次、不同的空间类型，时而开敞、时而封闭，时而高旷、时而低临，带领我们经历着丰富变化的景观历程，创造了多彩的景观效果，因此本实训旨在让学生了解空间的类型、掌握空间布局的方法，学会空间布局分析的方法。

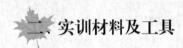 **实训材料及工具**

　　绘图桌、图纸、HB 或 2B 铅笔、针管笔、彩铅或马克笔。

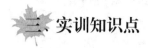 **实训知识点**

（一）空间的划分与组合

把单一空间划分为复合空间，或把一个大空间划分为若干个不同的空间，其目的是在总体结构上为景园展开功能布局、艺术布局打下基础。空间一般可划分为主景区、次景区。每一景区内都应有各自的主题景物，空间布局上要研究每一空间的形式，大小、开合、高低、明暗的变化，还要注意空间之间的对比。利用空间的变化可以达到丰富园景，扩大空间感的效果。

（二）空间的序列与景深

人们沿着观赏路线和园路行进时（动态），或接触园内某一体型环境空间时（静态），客观上它是存在空间程序的。若想获得某种功能或园林艺术效果，必须使人的视觉、心理和行进速度、停留的空间，按节奏、功能、艺术的规律性去排列程序，简称空间序列。将园内空间一环扣一环连续展开，如小径迂回曲折，既延长其长度，又增加景深。景深要依靠空间展开的层次，如一组组景要由近、中、远和左、中、右三个层次构成，只有一个层次的对景是不会产生层次感和景深的。

空间依随序列的展开，必然带来景深的伸延。展开或伸延不能平铺直叙地进行，而要结合具体园内环境和景物布局的设想，自然地安排"起景""高潮""尾景"，并按艺术规律和节奏，确定每条观赏线路上的序列节奏和景深延续程度。如二段式的景物安排，即序景—起景—发展—转折—高潮—尾景；三段式，即序景—起景—发展—转折—高潮—转折—收缩—尾景。

（三）观赏点和观赏路线

观赏点一般包括入口广场、园内的各种功能建筑、场地。观赏路线依园景类型，分为一般园路、湖岸环路、山上游路、连续进深的庭院线路、林间小径等。总之，是以人的动、静和相对停留空间为条件来有效地展开视野和布置各种主题景物的。小的庭园可有1—2个点和线；大、中园林交错复杂，网点线路常常构成全园结构的骨架，甚至从网点线路的型式特征可以区分自然式、几何式、混合式园。观赏路线同园内景区、景点除了保持功能上方便和组织景物外，对全园用地又起着划分作用。一般应注意下列四点：

（1）路网与园内面积在密度和型式上应保持分布均衡，防止奇疏奇密。

（2）线路网点的宽度和面积、出入口数目应符合园内的容量，以及疏散方便、安全的要求。

(3) 园入口的设置,对外应考虑位置明显、顺合人流流向,对内要结合导游路线。

(4) 每条线路总长和导游时间应适应游人的体力和心理要求。

(四) 运用轴线布局和组景的方法

一是依环境、功能做自由式分区和环状布局。

二是依环境、功能做轴线式分区和点线状布局。轴线式布局或依轴线方法布局,它有三个特点:以轴线明确功能联系,两点空间距离最短,并可用主次轴线明确不同功能的联系和分布;依轴线施工定位,简单、准确、方便;沿轴线伸延方向,利用轴线两侧、轴线结点、轴线端点、轴线转点等组织街道、广场、尽端等主题景物,地位明显、效果突出。

四、实训内容

(1) 教师讲解实训知识点,并举例分析景观布局的图纸。

(2) 学生认真识读教师给定的平面图后,按照景观布局的方法、原则分析如图 5-1 和图 5-2 所示的某小区的景观总平面图和空间布局图。

五、实训要求

(1) 景点的位置正确。

(2) 分析图样符合标准要求,图线应用恰当。

(3) 空间之间的联系正确。

六、实训步骤

(1) 识读图 5-1 所示的某小区景观总平面图。

(2) 在图纸的中部画出总平面图的简图。

(3) 根据景观空间的布局,在总平面简图上用分析图线表示出各空间位置,并用不同颜色进行标示。

(4) 用分析线条,分析各景观空间之间的关系,景观空间的序列关系。

图 5-1　某小区景观总平面图

（5）绘制空间布局分析图。

（6）标示图例。

七、优秀参考案例

本案例选自香港贝尔高林水岸帝景项目，如图 5-2 所示。

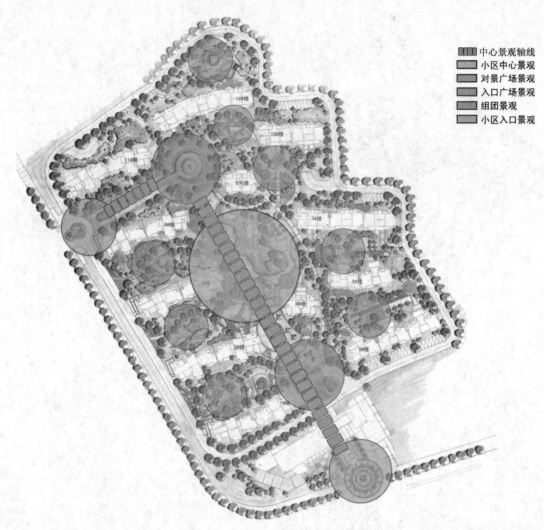

图 5 - 2　某小区景观空间布局图

实训六
园林设计方案分析

实训学时：3 学时
实训类型：验证
实训要求：选修

 **一、实训目的**

掌握园林设计多方案分析比较的方法，领会不同设计方案的设计思路、设计意图和所运用的设计手法，比较不同设计方案的整体构图效果、园林功能体现、场地安排、道路设计、地形变化、建筑小品布置、植物景观等。

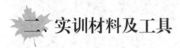 **二、实训材料及工具**

绘图桌、图纸、HB 或 2B 铅笔、针管笔、彩铅或马克笔。

三、实训知识点

一个设计方案是否合理,应看它是否符合以下条件:

(1) 设计风格意向与项目的契合度。

(2) 景观空间布局的合理性。

(3) 交通组织、功能空间的合理性。

(4) 设计是否考虑使用者心理流线。

(5) 关键节点的空间效果和体量关系。

(6) 设计图纸与意向图片意境的吻合度。

(7) 设计的创新意识。

(8) 设计的可实施性。

方案的比较即是从多个方案中,看哪个方案在以上 8 个条件中更符合,而最终确定最符合的一个方案。

四、实训内容

(1) 教师讲解实训知识点,并举例分析景观方案的分析实例。

(2) 学生认真识读教师给定的三个方案后,分析以下庭院的三个设计方案,确定出最优方案,写出理由。

(3) 其余两个方案应如何进行改造(思考题)?

五、实训要求

(1) 作国际贸易中心庭院设计多方案分析说明,条理清晰,分析入微,观点正确。描述各方案的设计思路、设计意图和所运用的设计手法,比较各方案在整体构图效果、园林功能体现、场地安排、道路设计、地形变化、建筑小品布置、植物景观等方面的优劣并对其进行综合评价。

(2) 编制必要的分析表,如用地平衡表、分区关系表等。

(3) 绘制必要的分析图,如功能分区图、景观分布图、局部效果图等。

(4) 分析说明总字数不低于 800 字。

六、实训步骤

（1）识读如图 6-1 所示某公园的三个方案设计图。

（2）分析各方案的设计思路、设计意图和所运用的设计手法。编制必要的分析表,绘制必要的分析图。

（3）比较各方案在整体构图效果、园林功能体现、场地安排、道路设计、地形变化、建筑小品布置、植物景观等方面的优劣。

（4）对各方案进行综合评价,确定最优方案。

（5）步骤 2—4,总字数不低于 800 字。

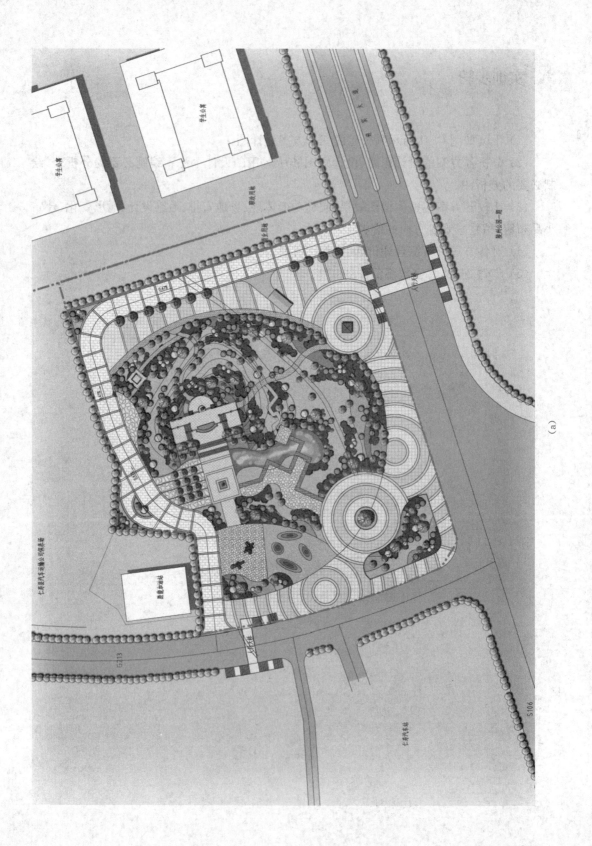

（a）

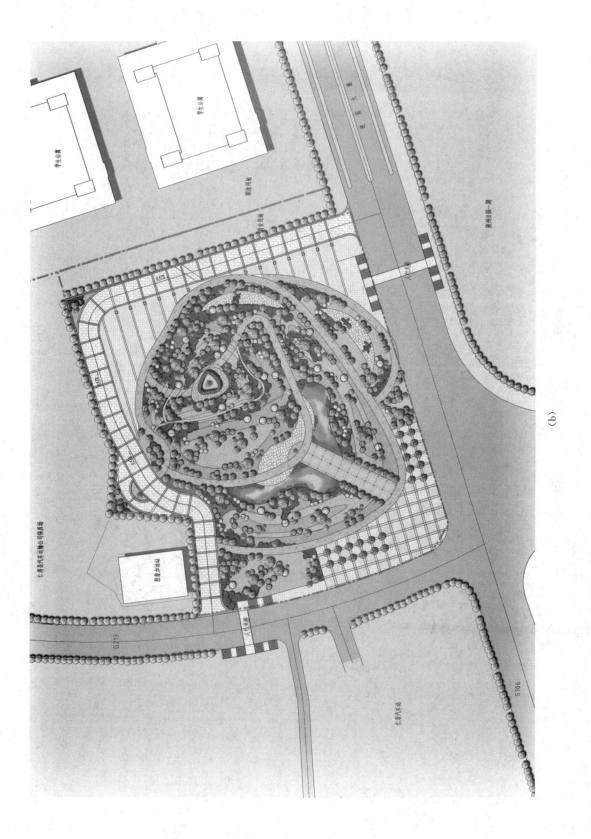

(b)

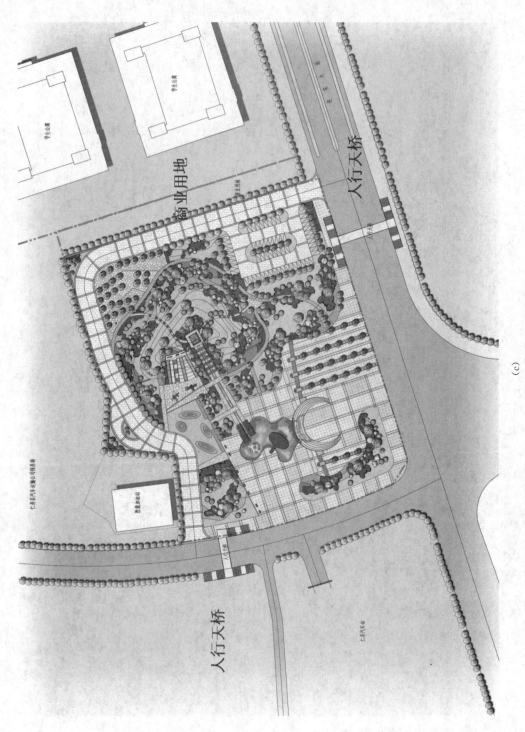

图 6 - 1　某公园的三个方案设计图

(c)

模块三
园林要素单体设计

实训七
园林水体景观设计

实训学时：3 学时
实训类型：验证
实训要求：必修

 **实训目的**

　　水是人类心灵的向往，人类自古喜欢择水而居。在园林水景规划设计中，水景已占据了很重要的地位，它具有水的固有的特性，表现形式多样，易与周围景物形成各种关系。它具有灵活、巧于因借等特点、能起到组织空间、协调水景变化的作用、更能明确游览路线、给人明确的方向感。因此，分析水景的特性，明确水景的作用，了解水景的设计形式，利用水景和各种景观元素的关系以表达设计的意图，是具有重要意义的课题。通过实训，让学生了解水景的作用，掌握水景的类型以及应用方法，学会分析环境，设计优美的水体景观。

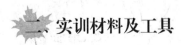 **实训材料及工具**

　　绘图桌、图纸、HB 或 2B 铅笔、针管笔、彩铅或马克笔。

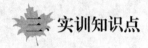实训知识点

（一）水景的总类

水景概括来说可以分为两大类。一是利用地势或土建结构,仿照天然水景观而成。如溪流、瀑布、人工湖、养鱼池、泉涌、跌水等,这些在我国传统园林中有较多应用。二是完全依靠喷泉设备造景。各种各样的喷泉如音乐喷泉、程序控制喷泉、旱地喷泉、雾化喷泉等。这类水景是近年来才在建筑领域广泛应用的,但其发展速度很快。

（二）水景设计的原则

1. 宜"活"不宜"死"的原则

城市有了水,就有了生机,而可以流动的活水可以带给城市灵气与活力。如果将城市水系比喻为城市的血脉,那么流动的城市水系就是保证城市血液流动的基本条件,城市血脉流动和更新又是保证城市肌体健康的前提。

2. 宜"弯"不宜"直"的原则

河流的自然性、多样性弯曲是河流的本性,所以设计水体时,要随弯就弯,不要裁弯取直。河流纵向的蜿蜒性,形成了急流与缓流相间,深潭与浅滩交错。只有蜿蜒曲折的水流才有生气、灵气。

3. 虚实结合的原则

"仁者乐山,智者乐水","上善若水。水善利万物而不争,处众人之所恶,故几于道。""浊而静之徐清,安以重之徐生。"浑水静下来慢慢就会变清,安静的东西积累深厚会动起来而产生变化。水中有哲理,水中有道意,水中有禅味。

（三）水景的设计手法

1. 水体形态

水的形态因水体的形状而定,风景园林中的静态湖面,多设置堤、岛、桥、洲等,目的是划分水面,增加水面的层次与景深,扩大空间感;或是为了增添园林的景致与趣味。

2. 光影因借

（1）倒影成双。四周景物反映水中形成倒影,使景物变一为二,上下交映,增加了景深,扩大了空间感。

（2）借景虚幻。岸边景物设计,要与水面的方位、大小及其周围的环境同时考虑,才能取得理想的效果,这种借虚景的方法,可以增加人们的寻幽乐趣。

3. 动静相随

风平浪静时,微风送拂,送来细细的涟漪,为湖光倒影增添动感,产生一种朦胧美。若遇大风,水面掀起激波,倒影顿时消失。

四、实训内容

(1) 教师讲解实训知识点,并举例分析水体设计案例。

(2) 学生针对校园入口的环境条件选择适宜的水体形式和地点,依据水体景观设计的原则和设计手法进行景观设计,绘制总平面图、立面、剖面图和景观效果图。

五、实训要求

(1) 教师讲解实训知识点、并举例分析水体设计案例,给予学生一定的启示。

(2) 学生针对香福世纪城居住区会所入口的环境条件选择适宜的水体形式和地点依据水体景观设计的原则和设计手法进行景观设计,地形如图 7-1 所示。图纸比例为 1∶400,正上方为北向,该项目范围地势平坦,正对入口,左右两边为小区主干道,请分析后绘制总平面图和景观效果图(见图 7-2 和图 7-3)。

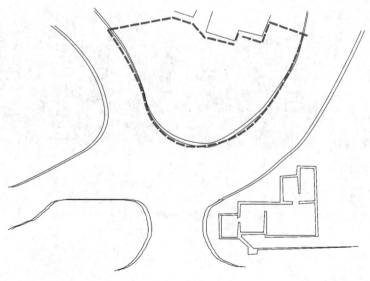

图 7-1 参考地形图

借水构壁为纸仿古人笔意，植美竹，收之窗间，宛然镜中游也。

设计构思："粉墙竹影"

景观气氛：简洁大方，古朴雅致

景观元素：简洁的透空粉墙组合成层次丰富的景墙空间，浓密的刚竹背景植物，一方月池跌水，精巧的植物对景

景观特色：主入口用地面积较小，交通流线致繁杂，空间设计上运用小中见大空间的设计理念，并通过框景、隔景、障景等艺术手法，增加景观层次，丰富景观空间，以取得在小的空间内达到景大景观化的效果。

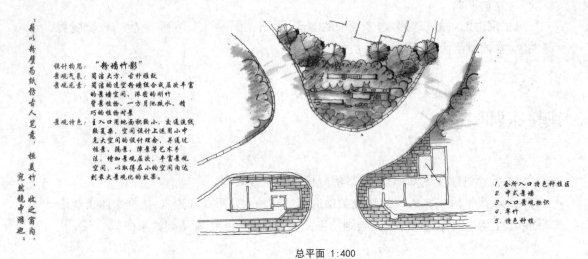

1. 会所入口特色种植区
2. 中式景墙
3. 入口景观标识
4. 翠竹
5. 特色种植

总平面 1:400

图 7-2　水景设计参考总平面图

图 7-3　水景设计参考效果图

六、实训步骤

（1）准备工作：

① 制图工具的准备、熟悉和正确运用。

② 识读、分析环境地形图。

③ 图纸固定。

（2）用 HB 或 H 铅笔画出水体景观平面图：

① 先画图幅线、图框线和标题栏。

② 选择得宜的水体形式、大小、位置进行平面、立面的草图绘制。

③ 修改草图。

（3）用针管笔绘制正式平面图。

（4）用针管笔绘制立或剖面图，并在平面图上标示出具体位置。

（5）绘制水体景观效果图。

（6）进行标注，整理图面并署名。

七、优秀参考案例

本案例为某会所的水体景观设计，如图 7－2 和图 7－3 所示。

实训八
园林小品景观设计

实训学时：3 学时
实训类型：验证
实训要求：必修

 **实训目的**

　　园林小品，是园林中供休息、装饰、照明、展示和为园林管理及方便游人设计的小型建筑设施和景点。其一般没有内部空间，体量小巧，造型别致。园林小品，按性质和功能可以分为园林景观小品、功能性园林小品和景观雕塑三大类。通过实际设计，了解园林小品设计的方法和步骤，基本掌握园林小品设计。

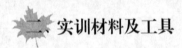 **实训材料及工具**

　　绘图桌、图纸、HB 或 2B 铅笔、针管笔、彩铅或马克笔。

三、实训知识点

（一）园林小品的构思立意

1. 立其意趣

根据自然景观和人文风情，做出景点中小品的设计构思。

2. 合其体宜

选择合理的位置和布局，做到巧而得体，精而合宜。

3. 取其特色

充分反映和突出园林小品的特色，把它巧妙地熔铸在园林造型之中。

4. 顺其自然

不破坏原有风貌，做到涉门成趣，得景随形。

5. 求其因借

通过对自然景物形象的取舍，使造型简练的小品获得景象丰满允实的效应。

6. 饰其空间

充分利用建筑小品的灵活性、多样性以丰富园林空间。

7. 巧其点缀

把需要突出的景物强化起来，把影响景物的角落巧妙地转化成游赏的对象。

8. 寻其对比

把两种明显差异的素材巧妙地结合起来，相互烘托，显出双方的特点。

（二）园林小品设计的构思方法

园林小品的构思点较多，功能上限制较小，有的几乎没有功能要求。因而在造型立意、材质、色彩运用上都更加灵活和自由。

1. 原型思维法

众所周知，创作性的构思，常常来自于瞬间的灵感。而灵感的产生，又是因为某种现象或事物的刺激。这些激发构思灵感的现象或事物，在心理学上称之为"原型"。正是由于原型的出现，使得创作有了一个独特的构思和立意。原型之所以具有启发作用，关键在于原型与所构思创作的作品之间，有"某些或显或隐的共同点或相似点"。设计者在高速的创作思维运转中，看到或联想到某个原型，而得到一些对构思有用的特性，而出现了"启发"。

古今中外，无论大小的成功设计都受到了"原型"的影响和启发。如柯布西埃设计的朗香教堂，就受到了岸边海螺造型的启示。贝聿铭设计的香港中银大厦，构思的关键就是来自于中国古老格言"芝麻开花节节高"的启发。原型思维法从思维方式来看,是属于形象思维和创造性思维的结合。对于园林小品而言,是具体思维(具体事物和实在形象)和抽象思维(话语或现象的感知)转化为创作的素材和灵感。再通过创造性思维、发散性和收敛性思维的作用,导致不同方案的产生。在这过程中,原型始终是占据创作思维的核心地位。

2. 环境启迪法

在小品创作中,许多方面的因素都会直接或间接地影响到小品本身的体态和表情,从环境艺术设计及艺术原理来看,小品所处的环境是千差万别的。作为环境艺术这个大系统下的景观,它的体态和表情,自然要与特定的环境发生关系,我们的任务,就是要在它们之间去发现具有审美意义的内在联系,并将这种内在联系转化为建筑小品的体系或表情的外显艺术特征。

因此,环境启迪就是将基地环境的特征加以归纳总结及形象思维处理,形成创作启发,从而通过创造性思维发散,而创造出与环境相协调共生的园林景观小品。

(三)园林小品设计手法

在以上一种或两种构思技巧和思维方式的共同引导下,运用不同设计手法,对同一主题的诠释是不同的。小品设计,主要有以下几点设计手法。

1. 雕塑化处理

这种手法是借鉴雕塑专业的设计手法,其设计出发点是将小品视为一件雕塑品来处理,具有合适的尺度和部分使用上的要求,力争做到小品雕塑一体化。这是原型思维的一种表现。

2. 植物化生态处理

手法的目的是为达到与自然相融合,使小品建筑有"融入自然的体态和表情"。具体做法是在造型处理中,引入植物种植,如攀缘植物、覆土植物等。通过构架和构造上的处理,在园林小品上覆盖或点缀上绿色植物,从而达到构筑物藏而不露,适用于要求与自然相协调的环境中。

3. 虚实倒置法

通过对常用形式的研究和观察(原型思维),进而在环境的启发下运用之,以收到出人意料的强烈对比效果。

4. 仿生学手法运用

仿生,即是在设计中模仿自然界的生物造型(原型),包括动物、植物的形态,使小品设计栩栩如生,自然成趣。

5. 延伸寓意法

此手法是在一般想象上升到创造想象后,对一些有深刻意义的事物或词句(原型思维)加以创造、想象和升华,将其意义融入景观小品创作中。这样往往能产生回味无穷的魅力,使人对小品产生无限的遐想。

上述讨论的园林小品设计的构思技巧与设计手法,无外乎是设计师要做到的"想法"和"手法"的问题。有一定好的想法在通过纯熟的手法解决任务提出的问题,可以算是完成设计。而且,在现代设计理论和流派层出不穷的情况下,我们更应重视景观小品的设计和创作,为整体的协调环境创造增添光彩。

(四)园林小品设计时应注意的问题

园林装饰小品在园林中不仅是实用设施,且可作为点缀风景的景观小品。因此,它既有园林建筑技术的要求,又有造型艺术和空间组合上的美感要求。一般在设计和应用时应注意以下几点:

1. 巧于立意

园林小品作为园林中局部主体景物,具有相对独立的意境,应具有一定的思想内涵,表达出一定的意境和情趣,这就要求巧于构思,情景交融,富有美感和艺术感染力。中国古典园林讲究"三境",即"物境"、"情境"、"意境"于一体。物境是指景物所营造的视觉景观形态;情境是指由于景观而引起的心理感受,即所谓触景生情;意境则包含更深刻的内容,将人们欣赏园林风景的行为活动上升为心理活动,利用心理、文化的引导,创造赏心悦目、浮想联翩、积极向上的精神环境。如在我国传统园林中,常在庭院的白粉墙前置玲珑山石、几竿修竹、山石花台,粉墙花影恰似一幅幅美妙的风景,很有感染力。扬州个园中利用假山石小品创造出"春山淡冶而如笑,夏山苍翠而如滴,秋山明净而如妆,冬山惨淡而如睡"的意境,使游赏者在游览完一圈后,可以领悟到四季的轮回、时间的永恒,体训到某种人生哲理。

2. 突出特色

园林小品,应突出浓厚的地方特色、园林环境特色及个体的工艺特色,使其具有独特的格调,切忌生搬硬套。如以"陶瓷"为主题的居住小区景观设计,在草地上散落一些日常陶瓷制品,贴近生活,又独具环境小品特色。

3. 宛自天开

作为装饰园林小品,人工雕琢之处是难以避免的,而将人工与自然美浑然一体,"虽由人作,宛自天开"则是设计者们匠心独运之处。如在老榕树下,以树根造型的园凳,似在一片林木中自然形成的断根树桩,可达到以假乱真的程度,极其自然。

4. 精于体宜

这是园林空间和景物之间最基本的体量构图原则。景观小品,作为园林之陪衬,一般在体量上力求精巧,故更应精于体宜,不可喧宾夺主,失去分寸,应力求得体。其一,要注意所处的环境。在不同大小的园林空间之中,应有相应的体量与尺度要求。其二,要注意主要的使用者。若是安放在儿童公园或游乐场,主要使用者为儿童,融减小其体量。

5. 注重创新

利用先进的科技、新的思维方式,设计创作出不同类型新型的小品形式。优秀的设计作品是将悠久的地方园林传统与现代生活需要和美学价值很好地融揉在一起,在此基础上进行提高和创新的作品。切忌生搬硬套和雷同。

6. 因需设计

园林装饰小品,绝大多数有实用意义。因此,除满足美观效果外,还应符合实用功能及技术上的要求。

四、实训内容

(1) 教师讲解实训知识点,举例分析小品设计案例。

(2) 学生以"翔"为主题完成一套完整的园林小品设计,包括设计说明书。

五、实训要求

要求总体构思完美,环境配合及功能合理,具有一定的艺术造型能力,图面表现能力强。图例、文字标注及图幅符合制图规范,说明书语言流畅,言简意赅,能准确地对图纸进行说明,体现设计意图。

(1) 主题突出,景观有特色。

(2) 小品与环境的尺度对比恰当。

(3) 小品配景搭配得宜。

(4) 图纸绘制规范、完整。

六、实训步骤

(1) 分析主题,拟定环境。

(2) 选择体现主题的小品类型,进行构思,绘制草图。

(3) 搭配配景、周围的环境要素,注意尺度关系。

(4) 绘制正图,编写设计说明。

(5) 标注,检查并署名。

七、优秀参考案例

本案例为北京土人景观的"鹤翔"小品设计,如图 8-1 所示。

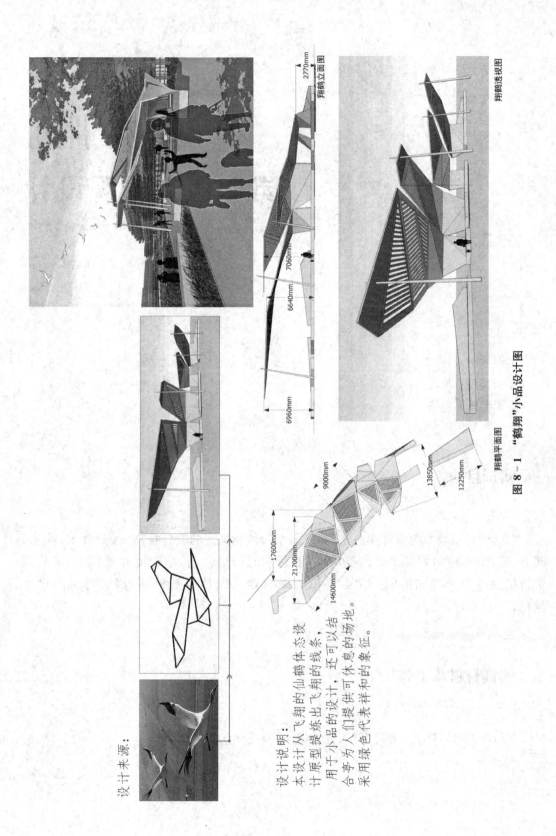

设计来源：

设计说明：
本设计从飞翔的仙鹤体态设计原型提炼出飞翔的线条，用于小品的设计，还可以结合亭为人们提供可休息的场地。采用绿色代表祥和的象征。

翔鹤立面图

翔鹤透视图

翔鹤平面图

图 8-1　"鹤翔"小品设计图

实训九
园林植物景观设计

实训学时：3 学时
实训类型：验证
实训要求：选修

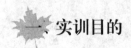

一、实训目的

掌握园林植物景观设计图的绘制方法，学习植物配置的设计技巧，区分乔木、灌木、花卉、草坪、水生植物等植物种类的使用特性和设计要点。结合地方气候、土壤特点进行植物种类选择和搭配。学会将植物配置融入园林景观整体，表达特定的设计风格。

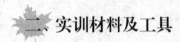

二、实训材料及工具

二号绘图纸、HB 或 2B 绘图笔、针管笔、彩铅或马克笔。

三、实训知识点

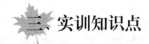

（一）园林植物景观设计的基本原则

1. 以总体规划为依据

各细部景点的设计都要服从总体规划，植物景观的营建也要服从某种立意或体现某种功能。

2. 以植物造景为主

植物材料既具有生态经济效益，同时又具有各种景观艺术特性，因此植物造景应是园林景观营造的重点。

3. 经济、美观、适用

（1）适地适地、因地制宜、因材制宜。不同的环境条件需要选择不同植物种类，使用不同的造景方法。

（2）以乡土植物为主，引种培育植物为辅，使植物景观具有稳定性、经济性、地方特色和植物景观的多样性与生物入侵。

（3）植物造景首先要满足使用者最根本的需要（人的功能需求、审美心理、行为习惯等），只有以人为本，景观才有存在的必要性。

4. 表现诗情画意的意境美

（1）意境美是中国古典园林艺术的精华，在现代园林中宜要继承发扬。

（2）利用植物创造意境美是对优秀文化的继承，是现代园林应提倡的，但不能一味地照搬照抄，现代园林中植物意境美的创造应赋予时代新意。

（二）园林植物景观设计的手法

1. 顺应地势，划分空间

（1）空间是由地平面、垂直面、顶平面单独或共同组合成的实在的或暗示性的范围。植物可在地平面、垂直面、顶平面上通过不同的方式影响人的空间感。

（2）植物空间划分应注意：

① 植物空间划分应顺应地形起伏、水面的曲直变化及空间的大小等各种立地自然条件和欣赏要求而定。

② 对原地形的处理，不可一律保留，也不可过分雕琢，既要做到匠心独具，又要不留斧凿痕迹。

③ 植物造景要有一定的景深感。空间应大小相济，似分似连，变化多样，有封闭，有开朗，不能一览无余。

④ 植物种类应多而不乱。同一空间骨干树种要单一或相似,不同空间要有差别,多种植物混栽切不可乱,要根据自然群落关系进行合理搭配。

2. 立体轮廓,均衡韵律

(1) 立体轮廓指植物由于高低、前后错落形成的曲折的林冠线和林缘线。植物的空间轮廓要有平有直、有弯有曲。

(2) 自然式园林轮廓线要曲折但忌繁琐,空旷平地更应参差不齐,前后错落。

(3) 植物立体轮廓线可以重复,但要有韵律,尤其是整齐性要求较高的行道树景观。

3. 主次分明,疏落有致

(1) 植物配置时充分考虑各物种生态习性、生物特性及观赏特性,突出主体。

(2) 植物个体间关系模仿自然界,做到高低、疏密错落有致。

(3) 远处的景观如果较好,则前景稀疏以露远景,远景如果不佳,则近景宜密,以挡远景。

(4) 常绿树与落叶树合理搭配,混植时要求以常绿树作背景,尽显落叶树秋叶景观,同时落叶后不至于萧条感过重。

4. 一季突出,季季有景

(1) 园林植物配置要充分考虑到植物的季相景观,使四季都有景可赏。园中春梅翠竹,配以笋石,寓意春景;夏种槐树、广玉兰,配以太湖石,构成夏景;秋栽枫树、梧桐,配以黄石,构成秋景;冬植蜡梅、南天竹,配以宣石和冰纹铺地,构成冬景。"收四时之烂漫","体现无穷之态,招摇不尽之春"。

(2) 有些地点由于环境限制无法做到季季有景,应把某季景色特别突出的植物配置在一起,形成一季或两季为主的景观。

四、实训内容

根据如图 9-1 所示的世博园中粤晖园的总平面图所表达的设计意图,结合西昌市气候、土壤及水分特点情况进行植物配置,绘制出植物种植设计图。

五、实训要求

(1) 绘制植物种植设计图,图样符合标准要求,图线应用恰当。

(2) 编写苗木统计表,表中列出植物的编号、树种名称、规格、数量等。

(3) 选择能表达园林植物配置效果的位置,绘制局部园林植物配置的立面图或透视效果图(选做)。

（4）结合园林整体景观作园林植物配置的设计说明，着重说明所配置的植物景观效果，与气候、土壤等条件的适应情况，条理清晰，观点正确。

六、实训步骤

（1）识读图9-1所示的粤晖园总平面图。

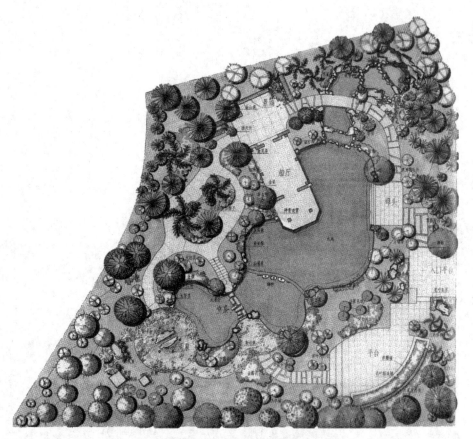

图9-1　粤晖园总平面图

（2）根据图9-1所示的粤晖园总平面图所表达的设计意图，结合已设计的园林景观整体进行园林植物配置。

（3）绘制植物种植设计图，编写苗木统计表。

（4）选择能表达园林植物配置效果的位置，绘制局部园林植物配置的立面图或透视效果图（选做）。

（5）结合园林整体景观和设计地点的气候、土壤等特点作园林植物配置的设计说明，字数200字左右。

模块四
园林小型绿地规划设计

实训十
城市道路景观规划设计

实训学时： 6 学时
实训类型： 验证
实训要求： 必修

道路绿地是城市绿地系统中最常见的一种绿地形式，城市道路绿地根据道路不同的截面和横断面即位于城市中不同的位置而不同，因此掌握城市当中各种不同街道的绿地形式是学习城市道路绿地规划设计所必须掌握的知识。在掌握其基本设计特点后，要重点学习一些街道景观的设计方法。

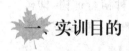

一、实训目的

（1）熟练掌握道路绿地的设计原则与方法
（2）将道路绿地的设计方法用于现实的道路绿地规划设计当中。

二、实训材料及工具

二号绘图纸、HB 或 2B 绘图笔、针管笔、彩铅或马克笔、现有的图纸及文字资料等。

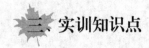　实训知识点

（一）城市道路绿化的设计原则

城市道路绿化具有卫生防护、组织交通、美化市容、散步休息、降尘防噪、生产和防灾等作用。它的设计应遵循以下原则：

（1）适应城市道路的性质和功能。

（2）符合《城市道路绿化规划与设计规范》（CJJ75—97）与《城市绿化管理条例》。

（3）符合使用者的特点。

（4）结合环境形成优美的景观。

（5）选择适地适生的植物，形成有地方特色的植物景观，具备应有的生态功能。

（6）设计要结合社会现有的养护能力。

（二）城市道路绿地规划设计

道路绿化的内容包括人行道绿地、分车绿带、广场和停车场绿地、交通岛绿地、街头休息绿地等。在我国城市的道路中一般要占到总宽度的20%—30%，是城市绿地的重要组成部分。

1. 人行道绿化带的设计

从车行道边缘至建筑红线之间的绿地称为人行道绿化带。它包括行道树、防护绿带及基础绿带等。设计步骤：

（1）选择合适的种植形式。

① 树池式。在交通量大，行人多、人行道又窄的路段采用树池形式种植行道树，即树池式。正方形树池：1.5 m×1.5 m；长方形树池：1.2 m×2 m；圆形树池：直径不小于1.5 m。

② 树带式。在人行道和车行道之间留出一条不加铺装的种植带的种植方式。种植带在人行横道、人流比较集中的公共建筑前要留出铺装通道。宽度一般不小于1.5 m。除种植乔木外，还可种植绿篱。

（2）选择合适的行道树树种。

（3）确定行道树间距。行道树种植距离不宜小于4 m，通常的株距为5、6、8 m等。树干中心至路缘石外侧距离不宜小于0.75 m，行道树与其他建筑物、构筑物和城市基础设施的间距应遵循相应的技术规范。

（4）确定行道树与道牙距离——树池的大小。

2. 分车绿带的设计

车行道之间可以绿化的分隔带，称为分车绿带。位于上下机动车道之间的为中间分车绿带；位于机动车与非机动车道之间或同方向机动车道之间的为两侧分车绿带。分车绿带有组织交通、分隔上下行车辆的作用。设计步骤：

(1) 确定宽度（建议边缘分车绿带不小于1.5 m，中央分车绿地不小于3 m，不设上限）。

(2) 选择绿地景观的形式（开敞或封闭）。

(3) 确定分车带的图案和韵律变化。

(4) 确定植物种类。

3. 交通岛绿地设计

交通岛，俗称转盘，设在道路交叉口处。主要起组织环形交通、约束车道、限制车速和装饰道路的作用，以其功能可分为中心岛、方向岛、安全岛。交通岛绿地一般设计为圆形，其直径的大小必须保证车辆能按一定速度以交织方式行驶，由于受到环道上交织能力的限制，交通岛多设在流量大的主干道路或具有大量非机动车交通、行人众多的交叉口。目前我国大中城市所采用的圆形中心岛直径为40—60 m，一般城镇的中心岛直径也不能小于20 m。

中心岛不能布置成供行人休息用的小游园或吸引人的地面装饰物，而常以嵌花草皮花坛为主或以低矮的常绿灌木组成简单的图案花坛，切忌用常绿小乔木或灌木，以免影响视线。中心岛虽然也能构成绿岛，但比较简单，与大型的交通广场或街心游园不同，且必须封闭。

4. 街道小游园的规划设计

街道小游园是在城市道路旁供居民短时间休息用的小块绿地，又称为街头休息绿地、街道花园。它的设计要点：

(1) 游步道：8 m以下可设计一条游步道，8 m以上可以设置两条游步道。

(2) 与机动车要用高大乔木进行遮挡。

(3) 每隔75—100 m设置出入口连接。

(4) 各段应设计成不同的形式。

(5) 较宽时可用自然式，否则用规则式。

5. 花园林荫路的设计

花园林荫路是指与道路平行，而且具有一定宽度和游憩设施的带状绿地。林荫路利用植物与车行道隔开，在其内部不同地段辟出各种不同休息场地，并有简单的园林设施，供行人和附近居民短时间休息之用。目前在城镇绿地不足的情况下，也可起到小游园的作用。它扩大了群众活动场地，同时增加了城市绿地面积，对优化城市绿地布局、提高公园服务半径覆盖率、丰富城市街景起到较大的作用。

园林规划设计实训指导

四、实训内容

图 10-1 为实训内容示意图。道路红线宽 80 m，长度 1 000 m，中间 500 m 处设置转盘，每 250 m 处有建筑，需设出入口，第一个 250 m 一侧为学校，过了转盘的 250 m 两侧一侧为银行，一侧为酒店，设计成街道断面形式为四板五带的形式。

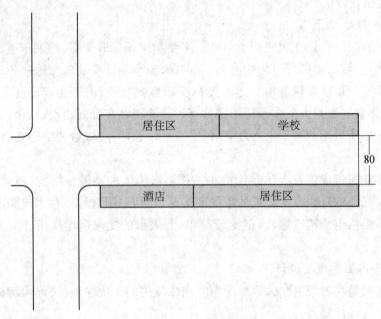

图 10-1　实训内容示意图

五、实训要求

（1）将道路设计成四板五带式。
（2）外带小游园，小游园位于道路红线内。
（3）两侧学校、居住区、酒店处需开设入口，入口处景观需与小游园其他处不同。
（4）用墨线绘制出平面图和断面图、局部透视效果图。
（5）人行道、分车带、中央隔离带划分合理。
（6）道路景观体现一定特色，有层次，有季相变化。
（7）图纸绘制规范、完整。

056

六、实训步骤

(1) 选择所在城市具有代表性的 2—3 个城市道路绿地并组织参观。

(2) 以小组为单位,每组 2—3 人,进行调查、记载。

(3) 对所调查的城市道路绿地设计进行整理、汇总,分析城市道路绿地设计应注意的问题。

(4) 给定一块空地及其周围的环境,作为城市道路绿地,对其进行设计。

(5) 实地考察测量、绘制现状图。

(6) 根据现状完成道路绿地设计,并绘制设计图,包括平面图、立面图、剖面图和效果图。

(7) 写出设计说明书。主要说明设计依据、设计原则、设计理念和成果等。

七、优秀参考案例

本案例为学生的优秀设计作品。如图 10-2 所示。

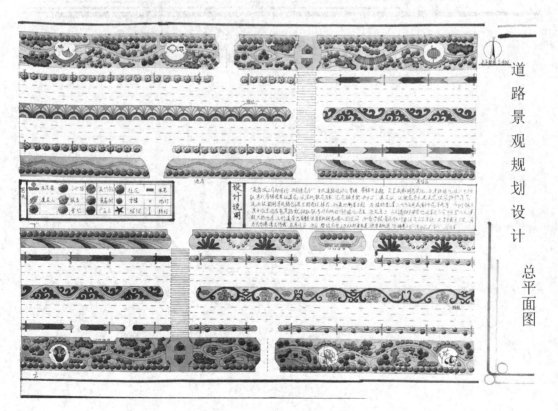

道路景观规划设计 总平面图

(a)

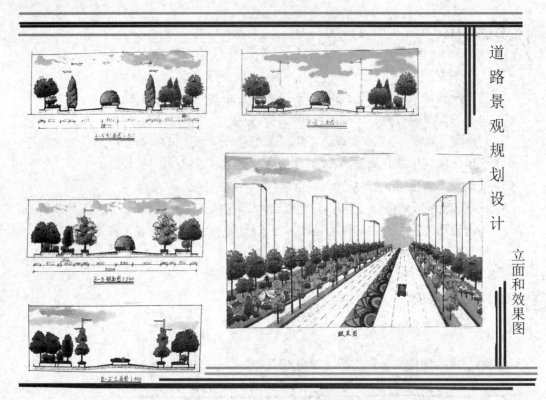

(b)

图 10 - 2　道路景观规划设计图

实训十一
城市广场景观规划设计

实训学时：6 学时
实训类型：验证
实训要求：必修

广场是一个主要为硬质铺装的、汽车不能进入的户外公共空间。它的形象代表着一个城市的形象，因此也是最关键的部分，是园林学生必须掌握的一项最基本的技能。因此掌握城市广场设计的构思和设计要点对学生十分重要。

 一、实训目的

（1）熟练掌握城市广场的设计原则与方法。
（2）合理运用城市广场的设计方法完成现实广场规划设计。

二、实训材料及工具

绘图工具、现有的图纸及文字资料等。

三、实训知识点

城市广场是城市开放空间中的一部分,主要功能是漫步、闲坐、用餐或观察周围世界。与人行道不同的,它是一处具有自我领域的空间,而不是一个用于路过的空间。当然可能会有树木、花草和地面植被的存在,但占主导地位的是硬质地面。如果草地和绿化区域超过硬质地面的数量,我们将这样的空间称为公园,而不是广场。

(一) 城市广场的类型

按广场的功能性质不同分类:市政广场、纪念广场、交通广场、休闲广场、文化广场、古迹广场、宗教广场、商业广场。

(二) 城市广场的基本特点

多功能复合,空间多层次,对地方特色、历史文脉的把握,注重广场文化内涵的重要性。

(三) 城市广场的设计原则

(1) 以人为本。
(2) 系统性。
(3) 继承与创新的文化原则。
(4) 可持续发展的生态原则。
(5) 突出个性特色创造的原则。
(6) 重视公众参与原则。

四、实训内容

(1) 教师讲解实训知识点,举例分析优秀的广场设计案例。
(2) 教师给出南京火车站广场场地,如图 11 - 1 和图 11 - 2 所示。场地正上方为北向,场地内现有道路为 6 m,学生认真分析后,绘制出广场设计的相关图纸(平面、分析图、立剖面图、植物景观设计图、效果图)。

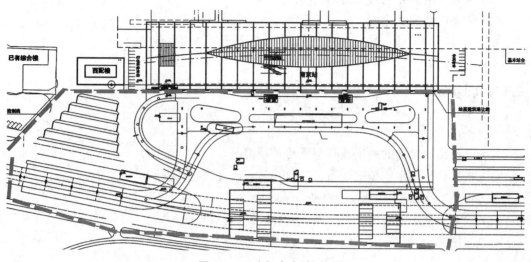

图 11 - 1 广场参考地形图

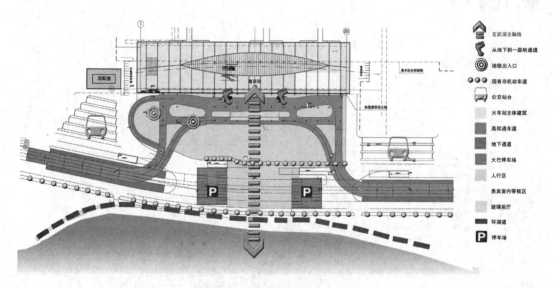

图 11 - 2 广场交通现状参考

五、实训要求

（1）充分考虑周围交通情况，合理组织广场内交通。

（2）考虑人们的行为习惯，满足火车站人们的需求。

（3）考虑周围的环境对场地的影响。

（4）体现广场的文化。

六、实训步骤

（1）分析给定广场的地形地貌与现有景观情况。

（2）根据分析拟定广场的性质，进行功能划分、交通布局。

（3）将 A2 图纸进行布局，绘制平面草图。

（4）绘制平面正图、分析图、立面、剖面图及景观效果图。

（5）图纸标注，署名。

七、优秀参考案例

1. 总平面图

总平面图，如图 11-3 所示。

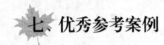

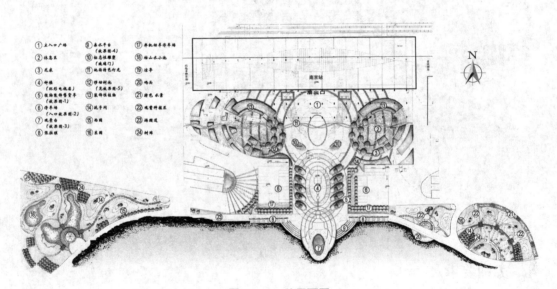

图 11-3　总平面图

2. 分析图

（1）交通分析图，如图 11-4 所示。

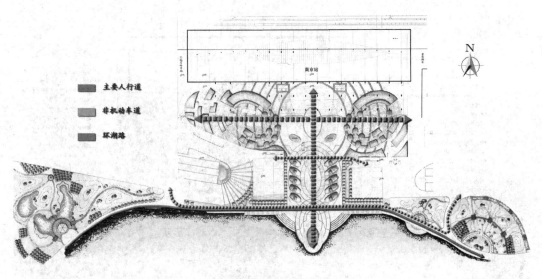

图 11-4　交通分析图

（2）功能分析图，如图 11-5 所示。

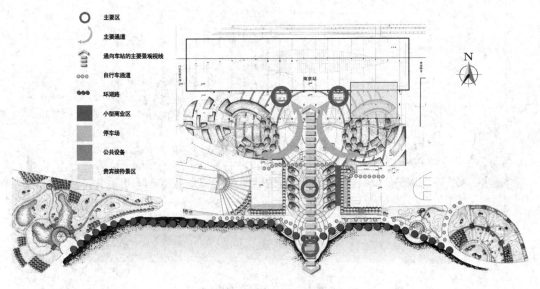

图 11-5　功能分析图

（3）植物景观规划概念图，如图 11-6 所示。

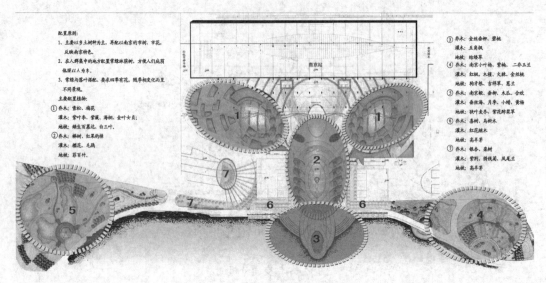

图 11-6　植物景观规划概念图

3. 入口立面图

入口立面图，如图 11-7 所示。

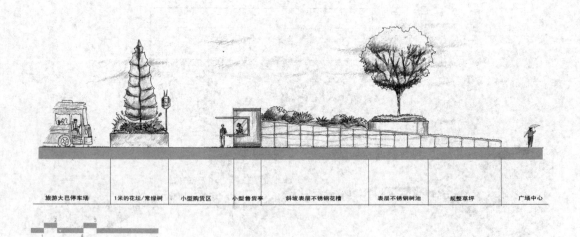

图 11-7　入口立面图

4. 局部景观效果图

（1）移动树池效果图，如图 11-8 所示。

图 11 - 8　移动树池效果图

（2）停车场入口效果图，如图 11 - 9 所示。

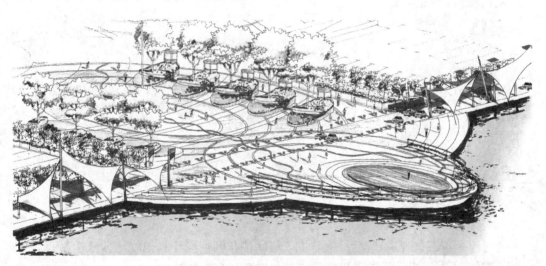

图 11 - 9　停车场入口效果图

实训十二
屋顶花园景观规划设计

实训学时：6 学时
实训类型：验证
实训要求：必修

屋顶花园是指在各类建筑物的顶部（包括屋顶、楼顶、露台或阳台）栽植花草树木、建造各种园林小品所形成的绿地，称为屋顶花园。

一、实训目的

通过屋顶花园景观规划设计，使学生了解屋顶花园不同于其他绿地的环境特点，掌握屋顶花园规划设计的原则，掌握屋顶花园各景观要素布置的要点。

二、实训材料及工具

二号绘图纸、HB 或 2B 绘图铅笔、针管笔、彩铅或马克笔、现有的图纸及文字资料等。

三 实训知识点

(一) 屋顶花园的环境特点

(1) 园内空气通畅,污染较少,屋顶空气湿度比地面低,同时,风力通常要比地面大得多,使植物本身的蒸发量加大,而且由于屋顶花园内种植土较薄,很容易使树木倒伏。

(2) 屋顶花园的位置高,很少受周围建筑物遮挡,因此接受日照时间长,有利于植物的生长发育。

(3) 选择植物时必须注意植物的适应性,应尽可能选择绿期长、抗寒性强的植物种类。

(4) 在屋顶花园上选择植物时必须选择抗病虫害、耐瘠薄、抗性强的树种

(5) 屋顶花园的设计不同于一般的花园,这主要由其所在的位置和环境决定的。在满足其使用功能、绿化效益、园林美化的前提下,必须注意其安全和经济方面的要求。

(二) 屋顶花园规划设计的原则

1. 安全原则
确保营建屋顶花园所增加的荷重不超过建筑结构的承重能力,屋面防水构造能安全使用。

2. 生态原则
以植物造景为主,充分发挥绿化的生态效益和环境效益。

3. 美观原则
屋顶花园的景物配置、植物选配均应是当地的精品,并精心打造植物造景的特色。

4. 经济原则
尽量降低造价,从现有条件来看,只有较为合理的造价,才有可能使屋顶花园得到普及而遍地开花。

(三) 屋顶景观要素的设计

1. 水景设计
(1) 水景形式选择:
① 浅水池:平面自然式或规则式,按防水水池做法。
② 水生植物池:种鱼草、菖蒲、马蹄莲、睡莲等。
③ 观鱼池:养金鱼、锦鲤及普通鱼类供观赏。
④ 石涧、旱涧:带状水体,宽窄变化,蜿蜒曲折。

⑤ 碧泉、管泉：小潜水循环供水，兼作水池水源。

⑥ 小型喷泉：牵牛花泉、半球泉、喷雾泉、鱼尾泉等。

(2) 水景布置：

① 一般作主景用。

② 宜在中心点或转角处。

③ 水深 30—50 cm。

④ 应循环供水。

⑤ 宜多种水景结合。

2. 山石景设计

(1) 特置石景：居中或转角处，置于内空的台基上，与游览视线相对，陈列作主景观赏。

(2) 散点石景：散置或群置，草坪上、旱涧内、水池边布置成组的石景，采取聚散结合的方式布置。

(3) 瀑布山石壁：用山石作瀑布壁，转角处或楼梯间转处。

(4) 塑假石山：用于较大的假山，用作工具房、储藏室等。

(5) 山石盆景：陈列作景物，以大中型盆景为主。

3. 小品建筑布置

(1) 亭：不宜居中。布置在女儿墙转角处、小路端头，体量应较小，可为半亭或 1/4 亭，亭底用板式基础，稳定性好。

(2) 廊与花架：靠女儿墙边布置，也可在局部作空间分隔，分隔时忌居中，宜用轻质材料建造。

(3) 景墙：矮墙，作造景或空间分隔。最好设计为漏空的花格墙、博古隔断墙，墙上可陈列小型盆景、盆栽。

(4) 景门：用于屋顶小路路口，造型优美、新颖。

4. 其他景物及设施设计

(1) 雕塑：用不锈钢雕塑。小型，可设置为主景。

(2) 灯具：草坪灯、石灯，渲染情调，丰富景观。

(3) 树桩盆景：基座或女儿墙顶，作点缀景物。

(4) 桌凳：石桌凳，陶瓷桌凳，成套配置于边角。

(5) 园椅：在主道边分散布置，应不影响他人游览。

四、实训内容

对某城市未设计的屋顶空地或者已经设计的屋顶空地(可参考图 12-1 所示的地形图)进行园林景观设计，教师给出一定的参考资料和指导。学生根据屋顶花园的设计要点将使用者的行为习惯、使用者的需求考虑到项目中去。

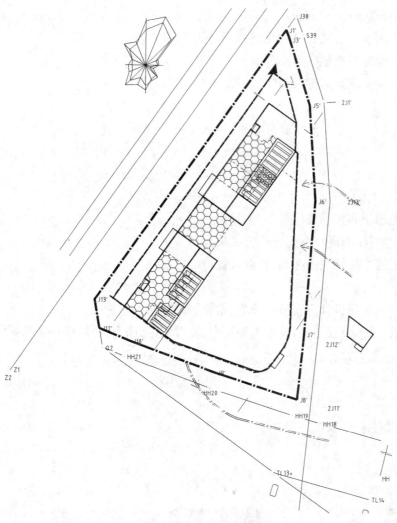

图 12 - 1　参考地形图

五、实训要求

1. 设计要求

（1）充分考虑屋顶的环境特点进行景观要素的布局。

（2）考虑供人休息的场地。

（3）考虑水景景观。

（4）注意屋顶环境的植物选择。

2. 图纸要求

（1）分析图若干。

（2）总平面图，有景点。

（3）立面图或剖面图2幅，在平面图上标示剖切的位置。

（4）全景鸟瞰或局部景观效果。

（5）景观节点或小品详图（选做）。

六、实训步骤

（1）对屋顶花园优秀作品进行分析、学习。

（2）针对给定的屋顶环境进行分析、拟定功能。

（3）根据功能需求进行交通布局、景点布置。

（4）绘制草图。

（5）教师对学生初步设计方案进行分析、指导。

（6）学生完善、修改设计方案，绘制平面正图、分析图、立面图、剖面图及景观效果图。

（7）图纸标注，署名。

七、优秀参考案例

（1）总平面图，如图12-2所示。

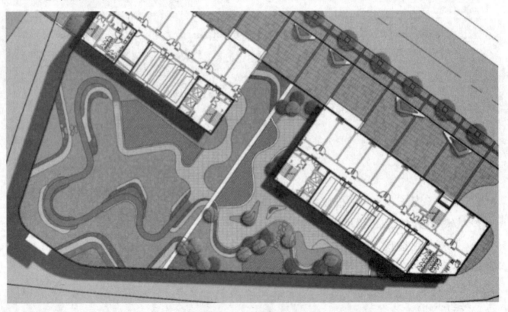

图12-2　总平面图

（2）分析图。交通分析如图 12-3 所示,功能分析如图 12-4 所示。

（3）效果图,如图 12-5 和图 12-6 所示。

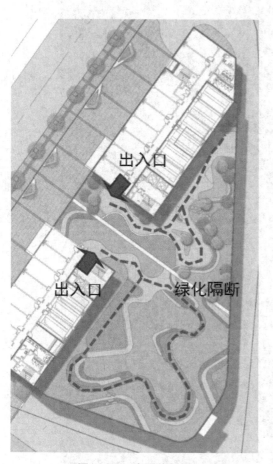

图 12-3　交通分析图

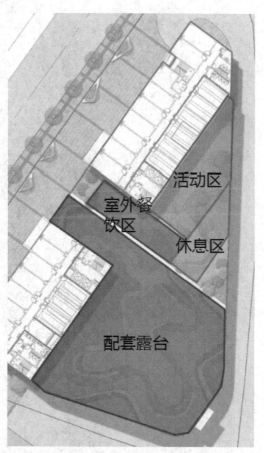

图 12-4　功能分析图

图 12 - 5　游览活动区域

图 12 - 6　休闲区局部

实训十三
园林庭院景观规划设计

实训学时: 6 学时
实训类型: 验证
实训要求: 必修

目前大多数园林庭院景观是指私家庭院景观,私家庭院景观有不同的设计风格,通常与建筑的风格相协调。

 **实训目的**

私家庭院是目前接触较多的小型设计项目类型,作为一个职业设计师,必须能运用合理的调查方式,将设计所需信息收集起来,通过分析整理,用图面形式将你所认知的物质环境清晰地描述出来,从而完成私家庭院的景观设计。

(1)掌握私家庭院的基本风格特点。

(2)掌握私家庭院景观的基本设计原则。

(3)掌握如何将私家庭院景观设计与居住者需求相结合。

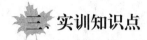 **实训材料及工具**

二号绘图纸、HB 或 2B 绘图笔、针管笔、彩铅或马克笔、现有的图纸及文字资料等。

三、实训知识点

(一) 庭院的风格特点

1. 中式庭院

中国传统的庭院规划深受传统哲学和绘画的影响,甚至有绘画乃造园之母的理论,最具参考性的是明清两代的江南私家园林。它是由建筑、山水、花木合理组合,讲究"虽由人作,宛自天开"的境界,其中的必备元素有假山、流水、翠竹。

2. 美式庭院

美国人自然的纯真朴实、充满活力的个性对园林产生了深远的影响力。他们理想中的庭院会有:森林、草原、沼泽、溪流、大湖,其中的必备元素有草地、灌木、参天大树、鲜花。

3. 德式庭院

德国的景观设计充满了理性主义的色彩。他们尊重生态环境,景观设计从宏观的角度去把握规划,按各种需求功能以逻辑秩序进行设计,景观简约,反映出清晰的观念和简洁的几何线形,讲究体块的对比。

4. 意式庭院

继承了古代罗马人的园林特点,采用了规则式布局:植物采用黄杨或柏树,突出常绿树而少用鲜花,对水的处理极为重视,借地形台阶修成渠道,高处汇聚水源,形成了各种同形状的喷泉,将雕像安装在墙,形成小品,有雕镂精致的石栏杆,以及古典神话为题材的大理石雕像。意大利园林必备元素有雕塑、喷泉、台阶、水瀑。

5. 法式花园

法国园林受到意大利规则式台地造园艺术的影响,也出现了台地式园林布局,剪树植坛,建有果盘式的喷泉。有园林布局的规模,显得更为宏大和华丽。采用平静的水池、大量的花卉,在造型树的边缘,以时令鲜花镶边。必备元素有水池、喷泉、台阶、雕像。

6. 英式花园

英式花园讲究园林外景物的自然融合,把花园布置得犹如大自然的部分,称之为自然风景园。无论是曲折多变的道路,还是变化无穷的池岸,都修饰成花园。必备元素有藤架、坐椅。

7. 日式庭院

日式庭院简练而精于细节,日本庭院受中国文化的影响很深,细节的处理是日式庭院最精彩的地方。其中石灯、小树已成为日式庭院中不可缺少的小品。

(二)庭院景观考虑的因素

1. 景观风格

什么风格的别墅,其花园的风格也应该与其本身统一,这样才协调。比如,中式别墅就适合东方园林风格的花园,显得相得益彰;而欧式风格的别墅就与欧式的花园配合,才能体现欧式建筑的底蕴。当然风格搭配也不是完全固定,如中式别墅与日式风格的花园相互搭配,由于日式风格受中国传统文化影响颇深,大气的建筑与精致的花园同样体现出主人不拘一格的品位。欧式别墅同样也可以在地中海风格的花园映衬下表现得淋漓尽致,园内遍布各处的盆栽、小品也无处不体现着欧洲的浪漫风情。总之要根据主人喜好,同时又不破坏建筑与花园的协调性。

2. 家庭人员结构

家庭人员结构决定花园的布局方式。如果时间特别紧张,无闲打理花园,就简单的可以在花园中种些花草;有幼儿家庭的花园应避免有深水和岩石等危险因素,设计能放玩具的草坪,配置色彩缤纷的一、二年生草花和球根花卉;如果家中有老人,就要考虑老人在户外的休闲习惯。如果喜欢室外烧烤,可以设计一个烧烤平台。

3. 考虑庭院的面积

面积的大小也决定别墅花园的布局和预算,特别是买独立别墅,售楼员会强调该别墅的占地面积,尤其是花园面积的大小,这不仅体现别墅品质、档系,还关系到将来花园的布置和设计。别墅的花园面积在50—2 000平方米不等,差距很大,因档次、风格不同,规划设计也不同。

4. 庭院的私密性

花园有敞开式布局的,与社区景观一一呼应,风格易协调,花园大部分有社区统筹管理,方便业主。围合式的花园,由业主自行打理。不少业主非常注重私密性,无论是哪种花园,都会有意无意地把它圈起来,划分出属于自己的一片天地。

5. 庭院的朝向

花园的朝向,对于日后其功能的安排,植被的选择都是非常重要的。一般来说,庭院是南向的,那么可以选择的植物就比较多,功能上也十分丰富,无论是休息小憩,还是朋友聚会,或者是儿童游乐都可以。在阳光照射下,一切都显得清晰,舒适。做个游泳池,用来避暑倒是个不错的选择。出了南北朝向外,有的花园是面向水系的,那么这样的花园在功能性上就多了一个亲水平台作为建筑的延伸,形成接触自然的媒介,以溪流、湖泊为基址的前景,形成开阔平远的视野,让花园的赏景功能突显。

四、实训内容

（1）教师讲解实训知识点，举例分析庭院设计注意事项。

（2）为一家四口（父母为商人，两个孩子，儿子 13 岁，女儿 7 岁）的别墅庭院进行规划设计，见图 13 - 1。

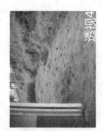

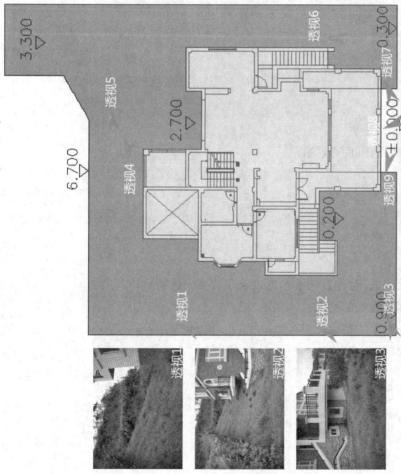

图 13 - 1 别墅庭院景观设计图

五、实训要求

1. 设计要求
(1) 安静休闲,风格不限,简洁明快。
(2) 要求景观丰富,有活动空间。
(3) 有儿童活动空间。
(4) 植物景观丰富。
(5) 造价 30 万左右。
2. 成果要求
(1) 设计说明。
(2) 现状分析图。
(3) 设计分析图。
(4) 设计平面图(景点名称)。
(5) 功能分析图。
(6) 视线分析图。
(7) 竖向分析图。
(8) 植物配置图。
(9) 室外家具分布图(照明)。
(10) 两个景点的平面、剖面,效果图。

六、实训步骤

(1) 认真分析现状图纸,对建筑功能位置以及现状高差进行分析。
(2) 区分庭院前庭和后庭的功能。
(3) 认真分析服务对象的特点。
(4) 考虑业主的要求。
(5) 确定景观风格。
(6) 确定概念设计趋向。
(7) 确定停车位置和道路走向。
(8) 绘制平面草图。
(9) 绘制各类分析图。
(10) 确定植物配置(种类)。

七、学生作品

1. 考核方式

对实践环节提交的图纸进行评定,按百分制评分。

2. 成绩评定

方案能力 30%,动手能力 15%,图面效果 20%,创新能力 15%,图纸的完整性 10%,可操作性 10%。

3. 实训报告

学生每人交一套庭院景观设计文件,主要包括平面设计图、分析图、立面图、节点设计图、植物配置图和效果图。具体设计过程可参考如图 13-2 所示的私家庭院景观设计方案一览。

规划专题—私家庭院景观设计 NO.1

1 项目概况 *Dream*

拾梦仲夏，相约梦野。
遗梦千载，一梦千年！

■ 区位分析

本项目位于重庆市万州区龙冠山脉，便捷的交通条件，完善的配套设施，众多的旅游景点，植被种类丰富，构成了优美的生态自然景观。

■ 项目背景

背依天然山体，地形高差起伏较大，主体建筑为欧式风格。设计总面积：200平方米。

2 设计构思

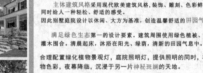

主体建筑风格采用现代欧美建筑风格，装饰、雕刻、色彩鲜明。同时给人一种轻松、舒适的感受。因此别墅庭院设计以休闲、大方为基准，创造温馨舒适的田园气息。

满足绿色生态第一的设计要素，建筑周围使用绿色植被、花灌木围合，清晨起床，沐浴在阳光、绿荫，清新的田园气息中。

合理配置绿化植物景观灯，庭院照明灯，提供照明的同时，丰富植物色彩，夜幕降临，沉浸于另一片神秘斑斓的天地。

温馨、优雅的园路设计给业主提供游览放松的环境。
丰富、别致的休憩设施、别墅小品，给孩子以及家人提供娱乐空间。
别墅园路、休憩设施周边围合建筑、花卉，丰富庭院的景观层次。
综上庭院风格定位：田园、自然、生态、优雅。

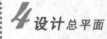

3 设计分析

充分利用当地的项目地的植被条件，打造一个别墅生态乐园，在原有现状的基础上，以植物ımı隔，景观小品点缀，搭配悠闲丰富的景观道路，串连成功能完备的庭院景观。

交通流线：环绕建筑，一气呵成；多种道路风格相结合，呼应田园式别墅的主题，多元化景观节点，丰富节点景观。

功能分析：设户外步梯，解决基地高差，丰富景观层次，设置游览步道，休憩空间、户外用餐空间，为业主一家人提供娱乐交流的空间，享受一天的美好时光，同时增进相互的感情。

视线分析	功能分区	交通分析

4 设计总平面

N

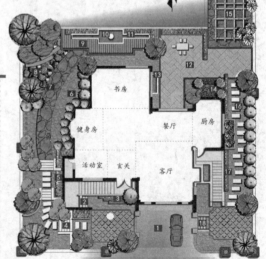

1 车库出入口	2 建筑出入口	3 组合绿篱	4 户外阶梯	5 花卉景观挡墙	6 草坪
7 鹅卵石铺地	8 假山跌水	9 休闲木平	10 喷泉	11 生态鱼池	12 餐区
13 水景	14 雨水花园	15 休闲花架台	16 汀步	17 景观挡墙	18 次入口

（a）

图 13-2　私家庭院景观设计方案一览

实训十四
校园绿化设计（选做）

实训学时： 6学时
实训类型： 验证
实训要求： 选修

一、实训目的

掌握校园的绿化特点和设计要求，并能应用到实际的项目中。

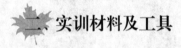

二、实训材料及工具

测量仪器、绘图工具、现有的图纸及文字资料等，计算机辅助设计软件 AutoCAD。

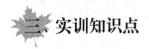 **实训知识点**

(一) 校园绿化特点

学校一般分为幼儿园、中小学和大专院校。同类学校的建筑和绿化布局有共性,不同学校又各有特点。一般大专院校的校园面积较大,对于较大规模的校园绿地,常采用点、线、面相结合的布局手法,将整个校园各功能分区绿地连成一个系统,以充分发挥其改善小气候、美化校园的综合功能。幼儿园和中小学校面积较小,对于较小规模的校园绿地,常采用点、线结合的布局手法,以充分发挥其美化校园的功能。

(二) 校园绿化设计要求

(1)校园绿地规划应与校园总体规划同步进行,使校园绿地与建筑及各项设施用地比例分配恰当,营造最佳的校园坏境。对已编制总体规划而未进行绿地规划的校园,应及时在总体规划的基础上进行绿地规划。

(2)校园绿地规划必须贯彻执行国家及地方有关城市园林绿化的方针政策,各项指标应符合有关指标定额要求。

(3)因地制宜,合理地利用地形地貌、河湖水系、植物资源及历史人文景观,使校园环境与社会融为一体,体现地方特色和时代精神。

(4)在保护自然植被资源和自然生态环境的基础上,创造丰富多彩的环境景观,在充分发挥生态功能的前提下,考虑校园环境空间的多功能要求,处理好生态造景与使用功能的关系。

(5)编制校园绿地规划应贯彻经济、实用、美观的总方针,合理规划,分步实施。还要注重实施的可操作性和易管理性。以生态造景为主,兼顾形式美。

(6)布局形式:校园绿地规划布局的形式与总体规划基本一致,分为规则式、自然式和混合式三种布局形式。

① 规则式布局:规则式校园环境,是以校园建筑的形式及建筑空间布局作为校园环境表现的主体,植物造景围绕各种建筑户外空间作规整布置。校园主体或大型建筑物周围的绿地布局采用规则对称式或规则不对称式,以几何图形为主要平面形状,种植设计多采用草坪、花坛、绿篱、列植树、对植树以及各种花卉等装饰小品,整个校园环境以道路两侧对称布置的行道树林荫带划分校园大空间,以绿篱来区划和组织小型绿地空间。

② 自然式布局:自然式的校园绿地没有明显的对称轴线或对称中心,各种园林要素自然布置,植物造景多模仿自然生态景观,具有灵活多变、自然优美的特点。充分利用起伏多变的地形地势,创造丰富生动的绿色自然景观。

③ 混合式布局：指在校园绿地中既有规则式的绿地，也有自然式的绿地，或者以一种形式为主，另一种形式为辅。事实上，绝对的自然式和规则式绿地布局很少存在，大多数采用的布局形式为混合式。

（三）校园局部环境绿地设计

1. 大门和行政区绿地设计

学校大门往往与行政办公区连成一体，作为校园的门面，具有"窗口"作用，其环境绿地景观格外引人注目。因此，在绿化时应着重考虑景观色彩和形态的视觉效果，突出安静、庄重、大方、美观的校园环境特点。在满足人流和车辆集散、交通组织等使用功能的同时，取得最佳的观赏效果。绿地布局多以规则式布局为主，在空间组织上多采用开朗空间，可在主要道路和广场的轴线位置上设置花坛、喷水池、雕塑，亦可设开阔的草坪，之上栽植乔灌木和花卉。植物要注意不能遮挡主建筑。

2. 教学区绿地设计

教学区环境以教学楼为主体建筑，环境绿地布局和种植设计的形式与大楼建筑艺术相协调。教学楼南侧宜种植高大落叶乔木，以取得夏日遮阳、降温、冬季树木落叶后采光取暖的环境生态调节作用，使教室内有冬暖夏凉之感。教学楼北侧可选择具有一定耐阴性的常绿树木，近楼而植，既能使背阴的环境得到绿化美化，又可在冬季欣赏到生机勃勃的绿色景观，同时还可减弱寒冷的北风吹袭。树木种植离墙面距离大于成龄树冠半径，最内侧的树木不要对窗而植，一般种植于两窗之间的墙段前，不影响室内自然采光。较大空间设活动广场，便于师生课间游憩。

3. 生活居住区绿地设计

具有一定规模的学校常设有以师生生活居住为主要功能的生活区，通常规划设置小游园等较大面积的户外绿色空间，以满足师生课余学习、休息、交往和健身活动需要。园内可设置花台、假山、水池、花架、凉亭、坐凳等园林小品，并具有一定面积的硬质或软质铺装场地。学生宿舍楼与楼之间，一般都留有较宽敞的空间作晒场，地面多以硬质地砖、耐踏草坪或植草砖铺装，其间稀植树干分支点较高的落叶大乔木。

4. 体育活动区绿地设计

体育活动区外围常用隔离绿带，将之与其他功能区分开，减少相互干扰。其绿地设计要充分考虑运动设施和周围环境的特点。运动场外侧栽植高大乔木，以供运动间隙休息蔽荫。

篮球场、排球场周围主要栽植分枝点高的落叶大乔木，以利夏季遮阳，创造休息林阴空间，不宜种植易落浆果或绒毛的树种。树木的种植距离以成年树冠不伸入球场上空为准，树下铺耐踏草坪或植草砖，设置坐凳供运动员或观众休息、观看使用。各种运动场之间可用绿篱进行空间分隔，减少相互干扰。在不影响体育活动的前提下，尽量多绿化。另外，也要考虑体育活动对绿化植物的影响或伤害作用。

四、实训内容

（1）教师讲授有关校园项目的设计要点以及案例分析。

（2）教师布置任务,学生对给定的校园环境(见图14-1)进行景观规划设计,若范围较大,可选择不低于10 000万平方米的范围进行规划设计。

（3）教师与学生互动指导——修改——指导。

（4）完成作业。

五、实训要求

（1）要注意充分利用现有的水景,为职工考虑锻炼的场所和看书、下棋的场所,注意周围的环境、交通情况。

（2）绘制总平剖面图、分析图、立面图、效果图。

六、实训步骤

（1）授课教师讲授校园设计的设计要点,选择具有代表性的校园组织参观。

（2）以小组为单位,每组2—3人进行调查、记载。包括布局形式、绿化树种的选择、植物种植的形式、周围的环境条件、主要景点的特点及表现手法等,并对其现状及设计进行评价。

（3）给定某一个校园,作为对象对其进行设计。

（4）确定校园的布局形式,采用规则式、自然式、混合式。

（5）确定学校出入口的位置,考虑出入口内外的设置。

（6）组织校园空间,设置游览路线,划分功能区,布置景点。

（7）设计平面图。

（8）对校园绿地进行植物种植设计。

（9）最后完成整个校园(局部)效果图的绘制。

（10）写出设计说明书。

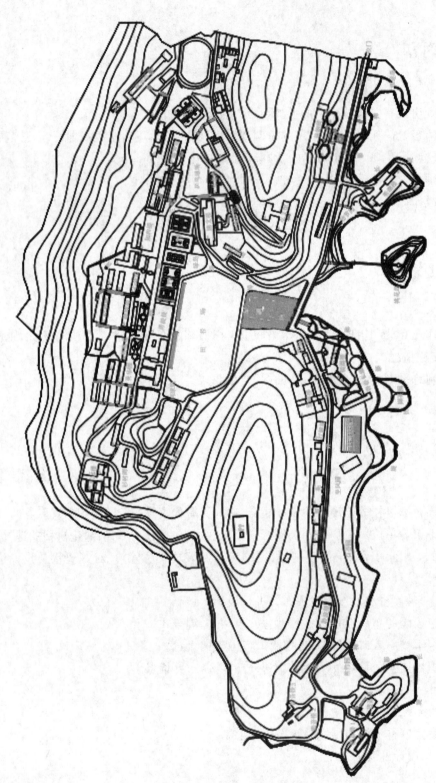

图 14 - 1 校园地貌环境图

实训十五

工厂绿化设计（选做）

实训学时： 6—12 学时
实训类型： 验证
实训要求： 选修

一、实训目的

掌握工厂的绿地规划设计的原则、植物选择要求和功能分区特点。实训 2 学时。

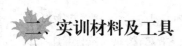

二、实训材料及工具

测量仪器、绘图工具、现有的图纸及文字资料等。计算机辅助设计软件 AutoCAD。

三、实训知识点

（一）工矿企业绿地的特殊性

工矿企业有不同的性质、类型，特殊的生产工艺等对环境有着不同的影响与要求。工矿企业绿地与其他绿地形式相比，有一定的特殊性。认识其特殊性，有助于进行更为合理的绿地规划设计。工矿企业绿地的特殊性可概括为：环境恶劣，用地紧凑，需保证生产安全。工矿企业绿地绿化树种选择的原则：

（1）因地制宜，选择合适树种。

（2）要满足生产的要求。

（3）选择易于管理的树种。

（二）工矿企业绿地的设计要点

1. 工矿企业绿化设计的面积指标

绿地在工矿企业中要充分发挥作用，必须达到一定的面积。一般来说，只要设计合理，绿化面积越大，减噪、防尘、吸毒、改善小气候的作用也越大。

2. 工矿企业绿地的类型

（1）厂前区绿地。厂前区一般由主要出入口、门卫收发室、行政办公楼、科学研究楼、中心实验楼、食堂、幼托、医疗所等组成。此处是全厂的行政、技术、科研中心，是连接城市与工厂的纽带，也是连接职工居住区与厂区的纽带。厂前区的环境面貌在很大程度上体现了工矿企业的形象和特色，是工矿企业绿化的重点地段，景观要求较高。

（2）生产区绿地。生产区可分为主要生产车间、辅助车间和动力设施、运输设施及工程管线。生产区绿地比较零碎分散，常呈带状和团片状分布在道路两侧或车间周围。生产区是企业的核心，是工人在生产过程中活动最频繁的地段，生产区绿地环境的好坏直接影响到工人身心健康和产品的产量与质量。

（3）仓库、露天堆场区绿地。该区是原料、燃料和产品堆放的区域，绿化要求与生产区基本相同，但该区多为边角地带，绿化条件较差。

（4）道路绿地。工矿企业内部道路的绿化在植物选择上，要考虑企业的自身特点和需求，要满足企业内车辆、零部件运输的方便性。

（5）绿化美化地段。工矿企业用地周围的防护林、全厂性的游园、企业内部水源地的绿化，以及苗圃、果园等。工厂企业还应注意在生产区和生活区之间因地制宜地设置防护林带，这对改善厂区周围的生态条件，形成卫生、安全的生活和劳动环境，促进职工健康等起着重要的作用。绿化要在普遍的基础上,逐步提高,以利用植物美化和保护环境为主。在有条件时,还可以利用屋顶进行绿化,增加绿地面积,减少热辐射。

(三) 工矿企业绿地各组成部分的设计

1. 厂前区

(1)景观要求较高。厂前区是职工上下班集散的场所,也是宾客首到之处,在一定程度上代表着企业的形象,体现企业的面貌。厂前区往往与城市街道相邻,直接影响城市的面貌,因此景观要求较高。绿化设计需美观、大方、简洁、明快,给人留下良好的"第一印象"。

(2)要满足交通使用功能。厂前区是职工上下班集散的场所,绿化要满足人流汇聚的需要,保证车辆通行和人流集散。

(3)绿地组成。厂前区绿化主要由厂门、围墙、建筑物周围的绿化、林阴道、广场、草坪、绿篱、花坛、花台、水池、喷泉、雕塑及其他有关设施(光荣榜、阅报栏、宣传栏等)组成。

(4)绿地布局形式。厂前区的绿化布置应考虑到建筑的平面布局,主体建筑的立面、色彩、风格,与城市道路的关系等,多数采用规则式和混合式的布局。植物配置和建筑立面、形体、色彩协调,与城市道路联系,多用对植和行列式种植。

(5)企业大门与围墙的绿化。企业大门与围墙的绿化,首先要注意与大门建筑造型及街道绿化相协调,并考虑满足交通功能的要求,方便出入。布置要富于装饰性与观赏性,并注意入口的引导性和标志性,以起到强调作用。

(6)厂前区道路绿化。企业大门到办公综合大楼间的道路上,选用冠大荫浓、生长快、耐修剪的乔木作遮阴树,或植以树姿雄伟的常绿乔木,再配以修剪整齐的常绿灌木,以及色彩鲜艳的花灌木、宿根花卉,给人以整齐美观、明快开朗的印象。

(7)建筑周围的绿化(办公区)。办公区一般处在工厂的上风区,管线较少,绿化条件较好。绿化应注意厂前区空间处理上的艺术效果,绿化的形式与建筑的形式要相协调,办公楼附近一般采用规则式布局,可设计花坛、雕塑等。远离大楼的地方则可根据地形变化采用自然式布局,设计草坪、树丛等。入口处的布置要富于装饰性和观赏性,建筑墙体和绿地之间不要忽视基础栽植的作用。花坛、草坪和建筑周围的基础绿带可用修剪整齐的常绿绿篱围边,点缀色彩鲜艳的花灌木、宿根花卉,或植草坪,上用低矮的色叶灌木作模纹图案。建筑的南侧栽植乔木时,要防止影响采光通风,栽植灌木宜低于窗口,以免遮挡视线。东西两侧宜栽植落叶乔木,以防夏季西晒。

(8)小游园的设计。厂前区常常与小游园的布置相结合,小游园设计因地制宜,可栽植观赏花木,铺设草坪,辟水池,设小品,小径、汀步环绕,休息设施齐全,使环境更优美,绿意更宜人,既达到景观效果,又提供给职工业余活动、休息的场所。

（9）树种。为使冬季仍不失其良好的绿化效果，常绿树一般占树种总数的 50%
左右。

2. 生产区

生产区设计要点：

（1）了解车间生产劳动的特点，要满足生产、安全、检修、运输等方面的要求。

（2）了解本车间职工对绿化布局和植物的喜好，满足职工的要求。

（3）不影响车间的采光、通风等要求，处理好植物与建筑及管线的关系。

（4）车间出入口可作为重点美化地段。

（5）根据车间生产特点，合理选择植物，或抗污染，或具某种景观特质。

3. 仓库、露天堆场区绿地

宜选择树干通直、分枝点高（4 m 以上）的树种，以保证各种运输车辆行驶
畅通。

四、实验内容

（1）教师讲解实训知识点，举例分析工厂绿地设计要注意的问题。

（2）为某工厂绿地（该单位为科研单位）进行规划设计，地势平坦，正上方为北向，基地
内实验楼、库房等建筑位置已定。参考地形如图 15 - 1 所示。

（3）为该企业绿地设计图纸一套、设计说明书一份。

五、实训要求

（1）要求考虑周围环境，布局合理。

（2）要求体现工厂的文化内涵。

（3）恰当选择树种，合理种植。

（4）有满足工人休息、锻炼、休闲的场所。

（5）设计图种类齐全，图例、文字标注符合制图规范。

（6）说明书语言流畅，能准确地对图纸补充说明，体现设计意图。

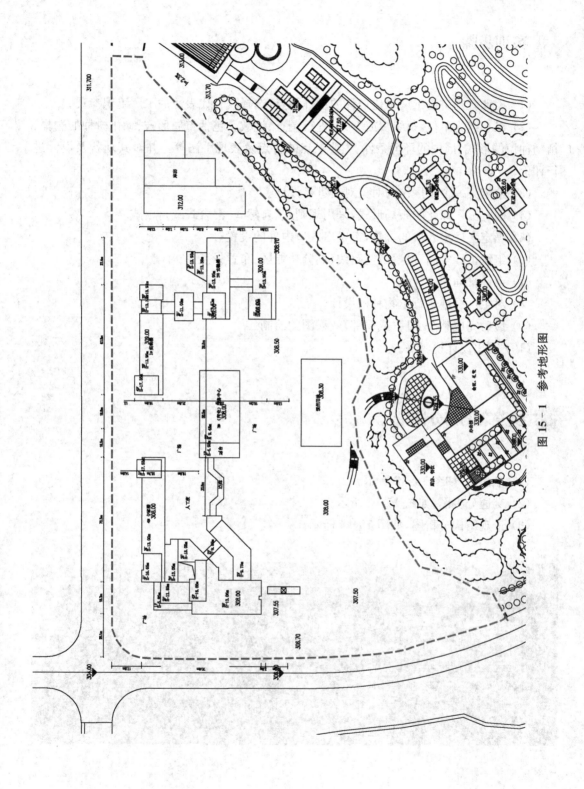

图15-1 参考地形图

六、实训步骤

(1) 授课教师讲授工厂绿化设计的设计要点,选择具有代表性的工厂组织参观。

(2) 以小组为单位,每组 2 或 3 人,进行调查、记载。包括布局形式、绿化树种的选择、植物种植的形式、周围的环境条件、主要景点的特点及表现手法等。并对其现状及设计进行评价。

(3) 给定某一个工厂作为对象对其进行设计。

(4) 确定工厂绿化的布局形式,采用规则式、自然式、混合式或自由式。

(5) 确定工厂出入口的位置,考虑出入口内外的设置。

(6) 组织工厂空间、设置游览路线、划分功能区、布置景点。

(7) 设计平面图。

(8) 对工厂绿地进行植物种植设计。

(9) 最后完成整个工厂(或局部)效果图的绘制。

(10) 写出设计说明书。

七、参考案例部分图纸

(1) 平面图,如图 15 - 2 所示。

(2) 交通分析图,如图 15 - 3 所示。

(3) 景观结构分析图,如图 15 - 4 所示。

(a)

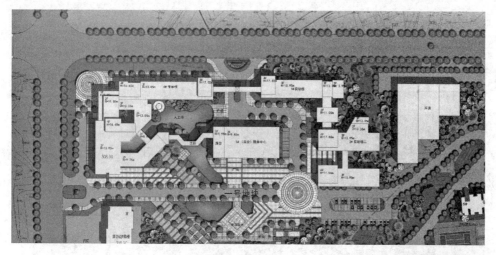

实验科研组团:

　　规划专家楼、实验楼、商业服务中心和库房。通过南北轴线和东西轴线道路将专家楼、实验楼和商业服务中心联系成一个整体。库房面向城市规划道路,设专用出口,自称体系。在规划整体性得到保证的同时,在各自建筑围合的组团空间中设置景观湖、绿化、休闲长度等,使其相对独立

(b)

图 15-2 平面图

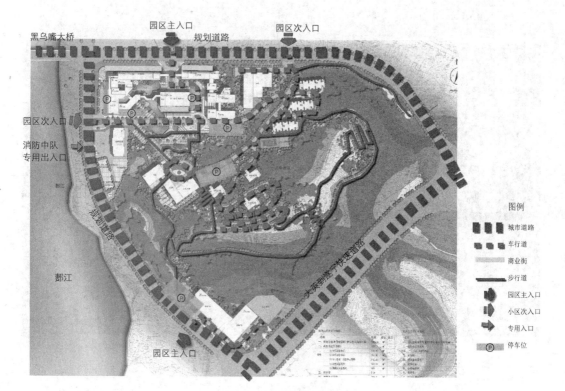

图 15-3 交通分析图

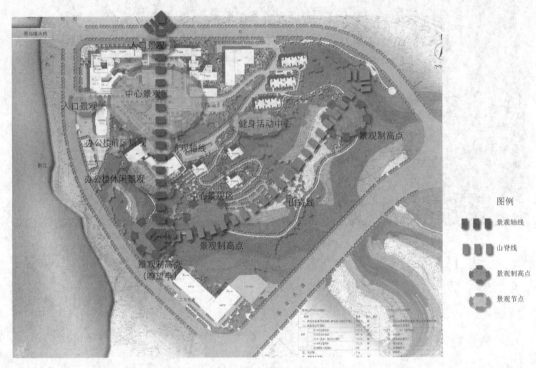

图 15 - 4　景观结构分析图

（4）效果图，如图 15 - 5 所示。

图 15 - 5　景观效果图

模块五
大型绿地规划设计

实训十六
城市居住区环境景观规划设计

实训学时：6—12 学时
实训类型：验证
实训要求：选修

居住区绿地是城市绿地系统中最常见的绿地形式之一，同时也是较为复杂的一种类型，其绿地的组成分为宅旁绿地、宅间绿地、中心绿地及街道绿地等多种形式。城市居住区绿地根据居住区的定位不同，整体绿地系统设计也各异，因此掌握城市中居住区绿地的识别与设计，是学习城市园林绿地规划设计所必须掌握的知识。

 **实训目的**

（1）熟练识别居住区的各类绿地。
（2）各类绿地的设计要点。
（3）学会对具体的居住区进行分析，合理地规划居住区的景观。

实训材料及工具

绘图工具、现有的图纸及文字资料等。

三、实训知识点

(一) 概念

1. 居住区

以居住小区为基本单位组成居住区。

2. 居住小区

以居住生活单元为基本单位组成居住小区。

3. 住宅组团

是将若干栋住宅集中紧凑地布置在一起,在建筑上形成整体的、在生活上有密切联系的住宅组织形式。

(二) 居住区道路系统布局

1. 宅前小路(小路)

通向各户或单元门前,主要供行人使用,一般宽为 1.5—3 m。

2. 生活单元级道路(次干道)

路面宽度为 4—6 m,平时以通行非机动车和行人为主,必要时可通行救护、消防等车辆。

3. 居住小区道路(主干道)

是联系小区各部分之间的道路,车行道宽度 7 m 以上,两侧可布置人行道及绿化带。

4. 居住区级道路(城市道路)

用以解决居住区内、外的交通联系,车行道宽度 9 m 以上,道路红线不小于 16 m。

(三) 居住区绿地的组成

(1) 公共绿地:

① 居住区公园。

② 居住小区公园。

③ 组团绿地。

(2) 公共服务设施所属绿地。

(3) 道路绿地。

(4) 宅旁绿地和居住庭院绿地。

(四) 居住区绿地规划原则

(1) 总体布局,统一规划。

(2) 以人为本,设计为人。

(3) 以绿地为主,小品点缀。

(4) 利用为主,适当改造。

(5) 突出特色,强调风格。

(6) 功能实用,经济合理,大处着眼,细处着手。

(五) 细节处理

1. 入口处理

为方便附近居民,常结合园内功能分区和地形条件,在不同方向设置出、入口,但要避开交通频繁的地方。

2. 功能分区

分区的目的主要是让不同年龄、不同爱好的居民能各得其所,乐在其中,互不干扰,组织有序,主题突出,便于管理。小游园因用地面积较小,主要表现在动、静上的分区。

3. 园路布局

园路是小游园的脉络,既可联系各休息活动场地和景点,又可分隔平面的空间,是小游园空间组织极其重要的要素和手段。

4. 广场场地

小游园的小广场一般以游憩、观赏、集散为主,中心部位多设有花坛、雕塑、喷水池等装饰小品,四周多设座椅、花架、柱廊等,供人休息、欣赏之用;

5. 建筑小品

小游园以植物造景为主,在绿色植物衬映下,适当布置园林建筑小品,能丰富绿地内容,增加游憩趣味,起到点景作用,也能为居民提供停留、休息、观赏的地方。

四、实训内容

对教师拟定的居住区进行规划设计,完成以下内容:

(1) 绘制分析图、总平面图(1:1 000)、立面图或剖面图(>1:500)、局部景观节点详图、局部景观效果图。

(2) 使用 2 号图纸 1—2 张,合理布局。

(3) 使用彩铅或马克笔进行渲染。

（4）设计说明。

五、实训要求

（1）要求学生设计出如图 16-1 所示给定的楼间区域绿地方案，并绘制出平面图和小型效果图。

（2）符合规定的景观风格，硬质景观和软质景观的比例合适。

（3）要求有基本的景观设施，要求设立合适的出入口。

图 16-1 居民区楼间区域示意图

（4）要求将景观设施图例表、植物配置表列出,其中植物配置需符合原有的风格。

（5）要求用 A2 图纸,比例自定,标注比例和图例。

（6）用 A2 图纸进行绘图,自己进行图纸布局,上墨线条,彩色渲染。

（7）字体选用仿宋字。

六、实训步骤

（1）分析给定居住区的地形地貌与现有景观情况。

（2）根据分析居住区的周围环境和居民的使用情况,进行功能划分、交通布局。

（3）将 A2 图纸进行布局,绘制平面草图。

（4）绘制平面正图、分析图、立面、剖面图及景观效果图。

（5）图纸标注,署名。

七、优秀参考案例

1. 总平面图

总平面图,如图 16－2 所示。

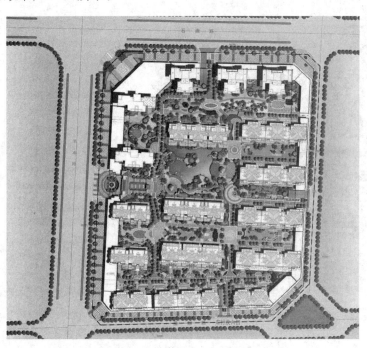

图 16－2　总平面图

2. 分析图

(1) 功能系统分析图,如图 16-3 所示。

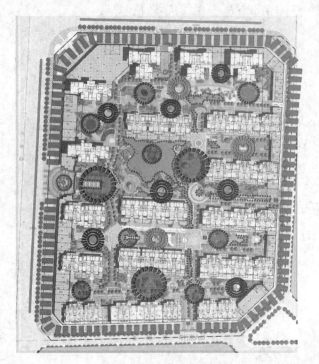

组团绿化

水体

运动区

景观节点

商业区

图 16-3　功能系统分析图

(2) 交通系统分析图,如图 16-4 所示。

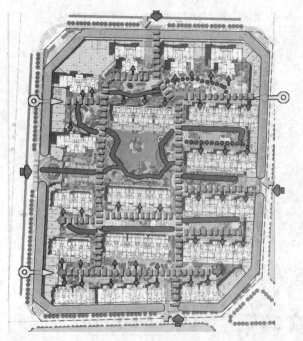

图例 Legend

车行道
Roadway

隐形消防车道
Contact fire lane

散步道
Promenade

商业街
Commercial Street

入户道
A tract

小区主入口
The main entrance

小区次入口
Legend area entrance

地下车库出入口
Underground garage entrance

消防道出入口
fire lane entrance

图 16-4　交通系统分析图

3. 节点平面图

节点平面图,如图 16-5 所示。

1. 小区入口标志水景　　5. 点景树　　9. 景观亭　　13. 下沉区吐水景墙
2. 入口迎宾水景　　6. 特色铺装　　10. 湖心岛　　14. 空间转换广场
3. 观赏性特色景亭　　7. 自然驳岸　　11. 休闲木平台　　15. 雕塑水景
4. 吐水小品　　8. 亲水平台　　12. 特色景桥

图 16-5　节点平面图

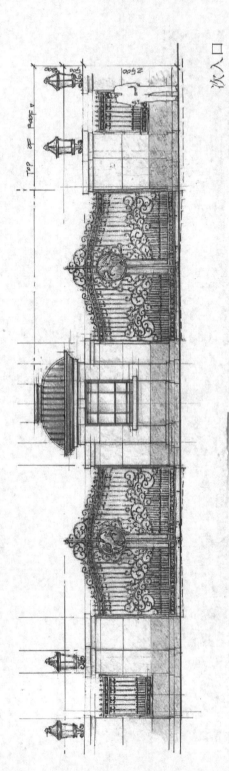

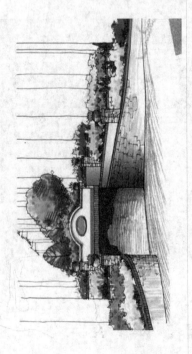

4. 剖面图、立面图

立面图、剖面图,如图 16-6 所示。

图 16-6 立、剖面图

5. 局部效果图

局部效果图,如图16-7所示。

大湖区

(a)

大湖区

(b)

图 16-7　局部效果图

6. 植物景观意向图

植物景观意向图，如图 16-8 所示。

图 16-8　植物景观意向图

实训十七

城市综合性公园规划设计

实训学时： 6—12 学时
实训类型： 验证
实训要求： 选修

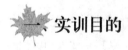

一、实训目的

了解公园规划设计的基本程序和过程，学会对基址状况作全面分析，绘制现状分析图、景观构成分析图。熟练进行多方案的设计思路探讨，进一步熟悉园林各组成要素的运用特点和彼此联系，掌握基本设计语言——常用设计图的绘制。

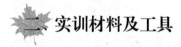

二、实训材料及工具

绘图工具、现有的图纸及文字资料等。

三、实训知识点

(一) 综合性公园出入口的确定

1. 公园出入口的类型

(1) 主要出入口：应设在城市主要交通干道和有公共交通的地方，同时要使出入口有足够的集散人流的用地。

(2) 次要出入口：设在公园内有大量集中人流集散的设施附近。

(3) 专用出入口：设在公园管理区附近或较偏僻不易为人所发现处。

2. 公园出入口设置原则

(1) 满足城市规划和公园功能分区的具体要求。

(2) 方便游人出入公园。

(3) 利于城市交通的组织与街景的形成。

(4) 便于公园的管理。

3. 公园出入口的设施

(1) 大门建筑（售票房、小卖、休息廊）。

(2) 入口前广场。

前广场的大小要考虑游人集散量的大小，并和公园的规模、设施及附近建筑情况相适应。目前建成的公园入口前广场长宽在（12—50）m×（60—300）m，但以（30—40）m×（100—200）m 的居多。

(3) 入口后广场。

位于大门入口之内，是从园外到园内集散的过渡地段，往往与主路直接联系，这里布置公园导游图和游园须知等。

4. 公园出入口设计

(1) 欲扬先抑。

(2) 开门见山。

(3) 外场内院。

(4) "T"字形障景。

(二) 分区规划

1. 大门入口区

与城市街道相连，位置明显。有方便的交通，有较大面积的平坦用地。

2. 文化娱乐区

可设置展览馆、展览画廊、露天剧场、文娱室、音乐厅、茶座等。布置时注意区内各项活动之间的相互干扰，希望用地达到 30 m²/人。布局要求：

(1) 在公园适中位置：虽在适中之处，但不占据风景地段。

(2) 因地制宜布置设施：按功能进行布置，使其适得其所。

(3) 项目间距适当分离：保持一定距离，避免相互干扰。

(4) 要方便疏散：人流量大的项目尽量靠近出入口。

(5) 道路及设施要够用

(6) 要注意利用地形

(7) 可布置动植物展区

(8) 水、电设施要齐备

3. 儿童活动区

(1) 特点：点地面积小，各种设施复杂。

(2) 规划要求：

① 靠近公园主入口（要避免影响大门景观）。

② 符合儿童尺度，造型生动。

③ 所用植物与设施必须无害。

④ 外围可布置树林或草坪。

⑤ 活动区旁应安排成人休息、服务设施。

4. 体育活动区

(1) 特点：游人多、集散时间短、对其他各项干扰大。

(2) 布置要求：

① 距主要入口较远或公园侧边，有专用出入口，场地平坦，可靠近水面。

② 周边应有隔离性绿化。

③ 体育建筑要讲究造型。

④ 要注意与整个公园景观协调。

⑤ 设施不必全按专业场地布置，可变通处理。

5. 老年人活动区

(1) 特点：游人活动密度小，环境较安静，面积不太大，必有安静锻炼场地，一般在游览区、休息区旁。

(2) 规划要点：

① 注意动静之分。

② 配备齐全的活动与服务设施。

③ 注重景观的文化内涵表现：诗词、楹联、碑刻、景名点题要有深刻的文化内涵，寓意性的植物栽植，具有典故来历的景点，历史文物，文化名人古迹等，尽量丰富些。

④ 注意满足安全防护要求：散步路宜宽些，地面应防滑，不用汀步，栏杆、扶手应牢固可靠。

6. 安静休息区

(1) 特点：

① 以安静的活动为主。

② 游人密度小，环境宁静，人均 100 m^2/人。

③ 点缀布置有游憩性风景建筑。

(2) 布局要求：

① 在地形起伏，植物景观优美处，如山林、河湖边。

② 安静活动分几处布置，不强求集中，多些变化。

③ 环境既要优美又要生态良好。

④ 建筑分散、格调素雅，适宜休息。

⑤ 远离出入口，与喧哗区隔离（可与老人活动区靠近）。

7. 园务管理区

(1) 具有专用性质，与游人分开。

(2) 有专用出入口联系园内园外。

(3) 由管理、生产型建筑场院构成。

(三) 综合性公园中园路的布置

1. 园路的类型

(1) 主干道：路宽 4—6 m，纵坡 8% 以下，横坡 1%—4%。

(2) 次干道：公园各区内的主道。

(3) 专用道：多为园务管理使用，与游览路分开，应减少交叉，以免干扰游览。

(4) 游步道：宽 1.2—2 m

2. 园路的布局形式

(1) 园路的回环性。

(2) 疏密适度。

(3) 因景筑路。

(4) 曲折性。

(5) 多样性和装饰性。

(四) 公园中的建筑

公园中建筑总的要求有以下几点：

(1) 保持风格一致。

(2) 管理附属类建筑应掩蔽。

(3) 集中与分散布局结合。

(4) 形式要有变化、有特色。

(5) 以植物衬托建筑。

四、实训内容

（1）踏勘设计对象基址，并对基址状况作全面分析，绘制现状分析图、景观构成分析图。

（2）按照绿地的功能要求进行功能分区，对地形、道路系统、场地分布、建筑小品类型及位置等主要设计内容进行确定，绘制设计草图。

（3）绘制园林设计总平面图、种植设计图、竖向设计图，绘制主要建筑小品的平面图、立面图和剖面图，图上作简要的设计说明，图样符合标准要求，图线应用恰当。

（4）绘制局部景观透视图，视点选择恰当，成图效果好。

（5）选绘公园的鸟瞰图，视点选择恰当，成图效果好。

（6）撰写设计说明书，完整表达设计思路、设计对象特点、设计手法运用、景观效果、各园林组成要素设计等内容，以及设计者认为应当作说明的其他内容。编制必要的表格，如用地平衡表、分区关系表、苗木统计表等。字数不少于 1 000 字。

五、实训要求

（1）公园出入口设置合理，着重考虑主入口的位置、面积、形象。

（2）公园的功能分区能满足居民的使用，各功能区的位置得当，必须有老人休闲活动区和儿童娱乐区。

（3）公园考虑通行园务车和消防车，不进小车。合理设计公园的交通布局与交通分级。

（4）公园的景观应有主次，有序列感，主要景观应契合公园的主题。

（5）公园的绿地率应高于 60%，建筑（包括管理建筑和观赏建筑以及测试）控制在全园面积的 2%。

（6）绿地应布置园林小品和适当的休息设施。要求能体现城市空间的舒适、休闲、美观的环境气氛。

（7）方案要求能够利用周围环境条件，创造出相对活泼、富有吸引力的城市环境。

六、实训步骤

（1）踏勘设计对象基址，对基址的周围环境、原地形、原有植被、原有建筑构筑物进行准确记载。了解基址所在地的气候、土壤、水文状况。图 17-1 为参考地形图。

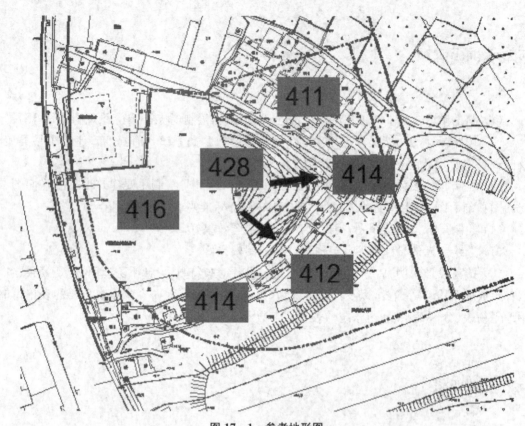

图 17 - 1　参考地形图

(2) 根据设计对象的功能要求对基址进行全面分析,绘制现状分析图、景观构成分析图。

(3) 根据所设计绿地的功能要求,结合基址情况进行功能分区、对地形、道路系统、场地分布、建筑小品类型及位置、植物配置等主要设计内容进行确定,绘制设计草图。

(4) 在设计草图基础上进一步推敲设计细节,绘制总平面图正稿,并在图上书写设计说明。

(5) 以总平面图为底图,绘制种植设计图、竖向设计图。

(6) 主要建筑小品的平面图、立面图和剖面图。

(7) 绘制局部景观透视图、公园的鸟瞰图。

(8) 撰写设计说明书,编制必要的表格。

七、参考案例

(1) 公园景观总平面,如图 17 - 2 所示。

(2) 公园交通分析图,如图 17 - 3 所示。

(3) 公园功能分析图,如图 17 - 4 所示。

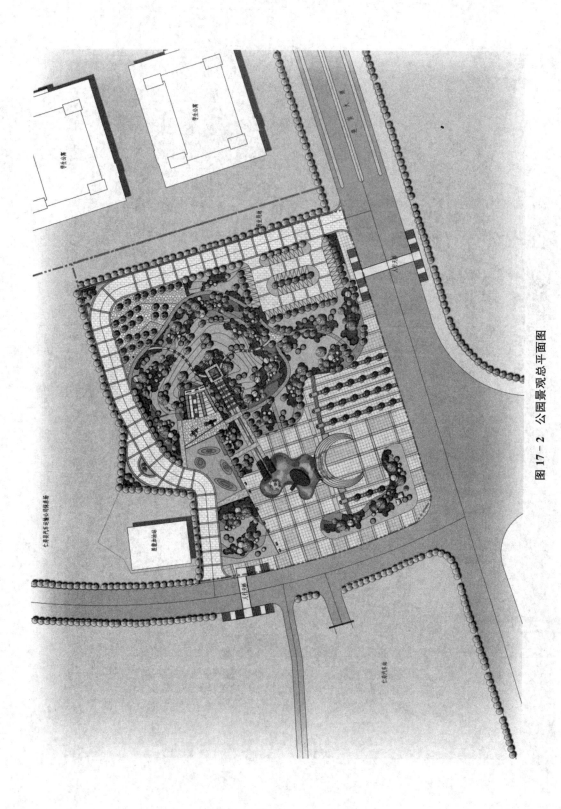

图 17-2　公园景观总平面图

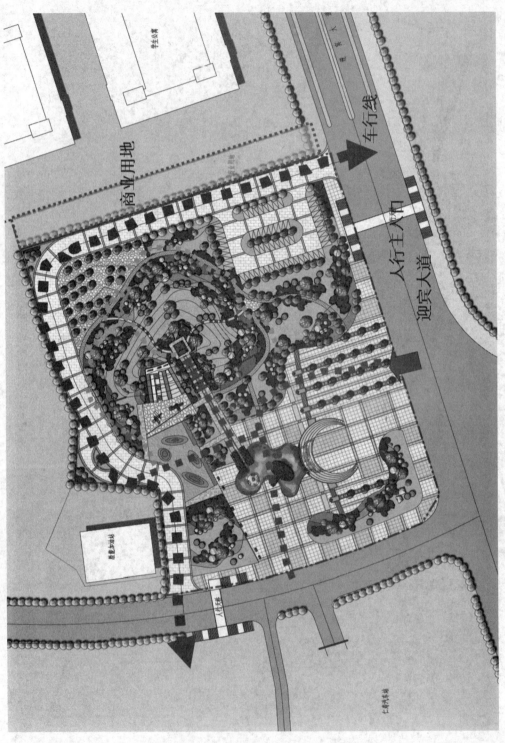

图 17 - 3　公园交通分析图

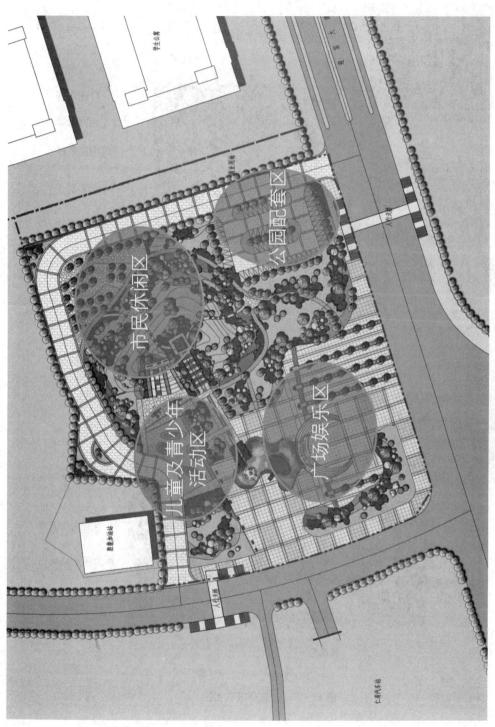

图 17 - 4 公园功能分析图

（4）公园分区平面图，如图 17 - 5 所示。

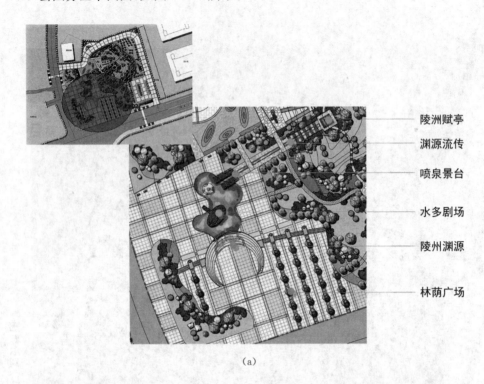

陵洲赋亭
渊源流传
喷泉景台
水多剧场
陵州渊源
林荫广场

(a)

儿童滑梯
青少年活动场
休息空间

(b)

图 17 - 5　公园分区平面图

实训十八
城市滨水公园景观规划设计

实训学时： 6—12 学时
实训类型： 验证
实训要求： 选修

滨水绿地是园林设计中经常遇到的一类设计类型，也是园林学生必须掌握的一项最基本的技能。滨水绿地有自己的特点，同时有时候要和公园设计规范相结合。

一、实训目的

（1）熟练掌握滨水绿地的设计原则，能够将陆地与水域结合设计得更加合理，贴近人的行为习惯。

（2）能够结合公园设计规范，将水体景观设计融入到公园的整体规范中。

（3）熟悉公园设计规范和滨水植物的种植种类。

二、实训材料及工具

绘图工具、现有的图纸及文字资料等。

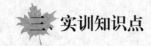

三、实训知识点

（一）滨水绿地景观设计的原则

（1）保持基址的整体性与连续性。

（2）遵从基址的生态环境特征，减少人为干扰与破坏。

（3）生态、景观、防洪等多功能兼顾。

（4）以绿为主，生态优先。

（5）景观结合文化，突出地方性特色。

（二）滨水绿地规划设计的步骤

（1）现状的调查与分析。

（2）整体构思与立意。

（3）系统的分区与联系。

（4）分区空间的处理。

（5）临水空间处理。

（6）道路系统的处理。

（7）滨江护岸的设计处理。

（8）植物的景观设计。

（三）分区空间的处理

1. 滨水空间

外围空间、绿地内部空间、临水空间、水面空间、水面对岸空间。

2. 滨水空间设计

（1）竖向上：考虑高低起伏变化，利用地形堆叠和植被配置的变化，在景观上构成优美多变的林冠线和天际线，形成纵向的节奏与韵律。

（2）横向上：在不同的高程安排临水、亲水空间，采取一种多层复式的断面结构，分成外低内高型、外高内低型、中间高两侧低型等几种。

（四）临水空间的处理

1. 自然缓坡型

适用于较宽阔的滨水空间，临水可设置游览步道，结合植物的栽植构成自然弯曲的水岸,形成自然生态、开阔舒展的滨水空间。

2. 台地型

对于水陆高差较大,绿地空间又不很开阔的区域,形成内向型临水空间。

3. 挑出型

对于开阔的水面,可采用该种处理形式,通过设计临水或水上平台、栈道满足人们亲水,远眺观赏的要求。高出常水位 0.5—1.0 m

4. 引入型

指将水体引入绿地内部,结合地势高差关系组织动态水景,构成景观节点。

5. 垂直型

人的行走空间跟水体紧紧相连,绿地在道路另一侧。

(五) 滨水绿地道路系统的处理

(1) 提供人车分流、和谐共存的道路系统,串联各出入口、活动广场、景观节点等内部开放空间和绿地周边街道空间。

(2) 提供舒适、方便、吸引人的游览路径,创造多样化的活动场所。

(3) 提供安全、舒适的亲水设施和多样的亲水步道,增进人际交往与地域感。

(4) 配置美观的道路装饰小品和灯光照明。

(六) 生态护岸技术措施

生态护岸多采用固土植物护坡的措施。

(1) 网石笼结构生态护岸。

(2) 土工材料复合种植技术。

(3) 植被型生态混凝土护坡。

(4) 水泥生态种植基。

(5) 多孔质结构护岸。

(6) 自然型护岸。

(七) 植物景观设计

(1) 注重植物观赏性方面的要求同时,结合地形的竖向设计,模拟水系形成的自然过程所构成的典型地貌特征创造滨水植物适生的地形环境。

(2) 在滨水生态敏感区引入天然植被要素。

(3) 在适地适树的基础上,注重增加植物群落的多样性。

四、实训内容

图 18-1 所示的参考地形图是华北地区某城市市中心的一个面积为 60 万平方米的湖面，周围环以湖滨绿带，整个区域视线开阔，景色优美。近期拟对其湖滨公园的核心区进行改造规划，该区位于湖面的南部，面积约 68 000 m²。核心区南临城市主干道，东西两侧与其他湖滨绿带相连，游人可沿道路进入，西南端接主入口，为现代建筑，不需改造。主入口西侧（在给定图纸外）与公交车站和公园停车场相邻，是游人主要来向。用地内部地形有一定变化，一条为湖水补水的饮水渠自南部穿越，为湖体常年补水，渠北有两栋古建筑需要保留，区内道路损坏较严重，需重建，植物长势较差，不需保留。学生根据拟定的参考地形资料分析后，完成以下图纸：

（1）总平面图 1：1 000 比例（要求有经济技术指标）。

（2）各类分析图（道路分析图、功能分析图、概念分析图、空间分析图等）。

（3）植物规划图。

（4）局部平面图放大 1：300，立面和效果图。

五、实训要求

（1）核心区用地性质是公园用地，将其建设成为生态健全、景观优美、充满活力的户外公共活动空间，为满足该市居民日常休闲活动服务，该区域为开放式管理。

（2）区内休憩、服务、管理建筑和设施参考《公园设计规范》的要求设置，区域内绿地面积应大于陆地面积的 70%，园路及铺装场地的面积控制在陆地面积的 8%—18%，管理建筑应小于总用地面积的 1.5%，游览、休息、服务、公共建筑应小于总用地面积的 5.5%。除其他休息、服务建筑外，原来的两栋古建筑（一栋面积为 60 m²，另一栋面积为 20 m²）将其扩建为一处总建筑面积为 300 m² 的茶室（包括景观建筑等辅助建筑面积，其中室内茶座面积不小于 160 m²），此项工作包括两部分内容：茶室建筑布局和为茶室创造的特色环境，在总体规划图上完成。

（3）设计风格、形式不限，设计应考虑该区域在空间尺度、形态特征上与开阔湖面的关联，并具有一定特色。地形和水体均可根据需要决定是否改造，道路是否改线，无硬性要求。湖体常水位高程 43.7 m，引水渠常水位高程 46.4 m，水位基本恒定，渠水可饮用。

（4）为形成良好的植被景观，需要选择适应栽植地段立地条件的适生植物，要求完成整个区域的种植规划，并以文字在分析图上进行总概括说明，不需列植物名录，规划总图只需反映植被类型（指乔木、灌木、草本、常绿或阔叶等）和种植类型。

六、实训步骤

（1）使用电脑描图。

（2）根据实际场地确定出建筑场地区域和位置。

（3）功能分区和道路布局。

（4）使用 AutoCAD 软件绘制平面图。

（5）修改完善设计内容和图纸。

（6）使用 PHOTOSHOP 软件绘制平面图。

（7）绘制各类分析图。

（8）绘制植物规划图。

（9）绘制两个场地的放大平面、立面和效果图。

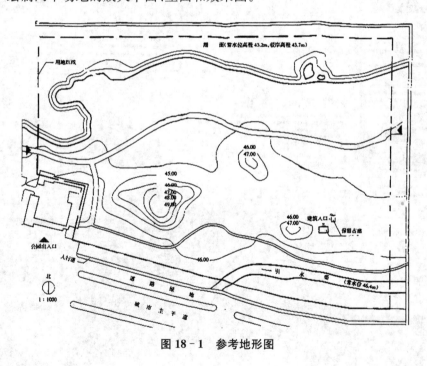

图 18 - 1　参考地形图

七、参考案例

图 18 - 2 和图 18 - 3 为学生参加 2015"纬图杯"园林景观设计大赛的参赛作品，提供作为城市滨水公园景观规划设计的参考。

图 18－2　学生竞赛作品之一

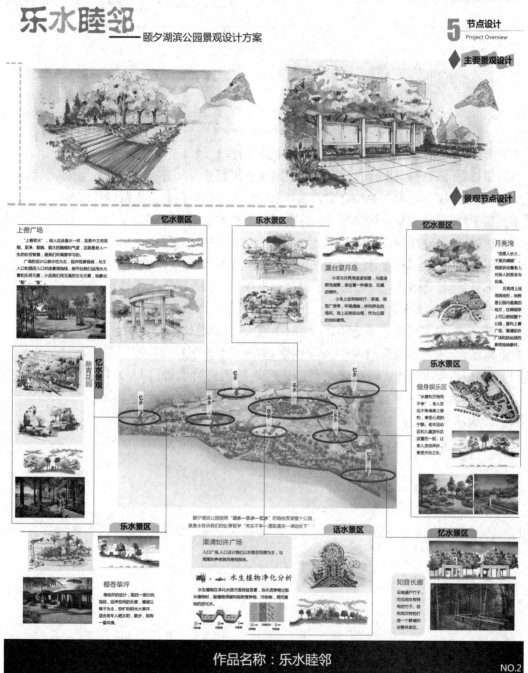

图 18-3　学生竞赛作品之二

［1］ 唐学山. 园林设计［M］. 北京：中国林业出版社. 1996.

［2］ 胡长龙. 园林规划设计［M］. 北京：中国农业出版社. 2006.

［3］ 钟喜林. 园林技术专业综合实训指导书［M］. 北京：中国林业出版设计. 2010.

［4］ 黄学兵. 园林规划设计［M］. 北京：中国科学技术出版社. 2003.

［5］ 胡先祥. 景观规划设计［M］. 北京：机械工业出版社. 2008.

［6］ 王晓俊. 风景园林设计［M］. 南京：江苏科学技术出版社. 2009.

［7］ 苏雪痕. 植物造景［M］. 北京：中国林业出版社. 1994.

［8］ 杨辛,甘霖. 美学原理新编［M］. 北京：北京大学出版社. 2016.

［9］ 曹林娣. 中国园林艺术论［M］. 太原：山西人民出版社. 2012.

［10］ 刘滨谊. 现代景观规划设计［M］. 南京：东南大学出版社. 2010.

［11］ 陶联侦,安旭. 风景园林规划与设计从入门到高阶实训［M］. 武汉：武汉大学出版社. 2012.

［12］ 杨鑫,彭历,刘媛. 风景园林快题设计(第二版)［M］. 北京：化学工业出版社. 2014.

［13］ 韦爽真. 园林景观快题设计［M］. 北京：中国建筑工业出版社. 2008.